文系AI人 … は不要

人人都能學會用AI

不懂統計，不懂程式，一樣可以勝出的關鍵職場力

野口竜司
@noguryu——著　蔡斐如——譯

目錄

第四章 STEP② 概略理解建立AI的方法

第四章 STEP② 概略理解建立ＡＩ的方法 113
ＡＩ是掌握特徵的高手 114
不單是背誦大量資料 114
簡言之，就是「製作資料」「學習」「預測」 115
ＡＩ並不理解其中涵義 119
瞭解「預測型ＡＩ」的建立方法 121
如何建立預測型ＡＩ 121
規劃ＡＩ與定義目標變數／解釋變數 123
準備學習資料「就算無法自行製作，也要能正確委託專家」 126
資料前處理①「找出並處理缺值、離群值」 131
資料前處理②「加工資料讓特徵更好抓」 134
建置ＡＩ「只要動動滑鼠，無須撰寫程式」 135
驗證ＡＩ模型「準確率再高，一旦預測有偏頗就會降低實用性」 141
執行ＡＩ模型 142
上線運作、再度學習 142
補充「ＡＩ開發環境」演進，改變了什麼？ 144
瞭解「辨識型ＡＩ」的建立方式 147
複習活用辨識型ＡＩ的例子 147
建立辨識型ＡＩ的流程 149
瞭解「對話型ＡＩ」的建立方式 154
對話型ＡＩ的運作機制 154

第五章

前言
成為AI人才吧！

在人工智慧社會，我們會不會就此失業？
文科生成為AI人才，你需要從哪些方面著手？
這本書就是為了消除這些不安和疑問。

「**人工智慧是一個與Excel一樣人人都能使用的工具**」。不分文科理科，Excel都是很多人會用的試算表軟體。這可能有點誇張，但就像Excel一樣，人工智慧也逐漸成為很多人會用的常用工具。

不久前，人工智慧的世界是由科學、數學和技術領域的「理工AI人才」所主導的。然而，現在人工智慧技術已經普及，每個人都可以輕鬆應對AI，比起「**如何建立AI？**」來說，「**該怎樣善用AI？**」逐漸成為一個重大課題。

這時，同時瞭解商界運作的文科ＡＩ人才將扮演重要角色。

在本書中，我們將為您提供以下資訊，以幫助您成為人文科學領域的ＡＩ人才。

①在ＡＩ時代中不至於丟掉飯碗
②ＡＩ在人文領域的應用職業
③把ＡＩ基礎的關鍵用語背下來
④概略理解建立ＡＩ的方法
⑤磨練自己的ＡＩ企劃能力
⑥澈底瞭解ＡＩ按行業×活用類型的四十五個案例
⑦文科ＡＩ人才將改變社會

如果你掌握了本書的內容，你將成為「文科ＡＩ人才」中的一員。無論是企劃ＡＩ專案，還是到人工智慧背景較強的公司面試，或是打算內部移調到ＡＩ部門等，本書都再適合也不過了。

本書的編寫遵循以下三個規則。這三項原則就是「不涉及程式設計、統計、數理方面的內容」、「儘量不使用ＡＩ的專業術語」、「盡可能地介紹更多案例」。

由衷希望能有大量的「文組ＡＩ人才」能與ＡＩ一起活躍於職場！

二〇一九年十二月

野口竜司@noguryu

第一章

在AI時代中不至於丟掉飯碗

How
AI & the Humanities Work
Together

別怕「因AI失業」，而是準備好從事「AI職務」

「因AI失業」是無法改變的事實

網路、電視、雜誌等，天天都在討論「AI會搶走我的工作嗎？」（圖表1-1）。很抱歉，事實就是「很多工作都會被AI取代」。我們就別逃避了，接受這個事實吧。重要的是，接受事實後，我們該做什麼準備、採取什麼行動，好往下一步邁進。

與其停滯在「與AI對抗」的狀態，我們應該把心態轉換成「與AI共事」。

若因AI失去工作，那就轉而「挑戰新時代的新職務」吧。回顧歷史，當出現新技術且融入社會後，雖然會有某些職務就此消失，但同時也會出現前所未見、運用新技術的新職務。

- 冰箱發明後，賣冰的人失業了，卻發展出「電器行」職業。
- 汽車發明後，馬車伕失業了，卻發展出「計程車駕駛」「車輛銷售」工

圖表1-1　十～二十年後消失的職業前二十五名

1	電話行銷（打電話推銷商品）
2	不動產登記的審查與調查
3	手工裁縫
4	運用電腦收集、處理、分析資料
5	保險業者
6	修理時鐘
7	貨運代理人（理貨）
8	稅務代理人（稅額調整，製作稅務文件）
9	底片沖洗業者
10	銀行開戶窗口
11	圖書館助理員
12	資料輸入
13	時鐘組裝與調校
14	保險理賠申請與代理投保
15	證券公司的行政工作
16	訂單處理人員
17	（房屋、教育、汽車貸款等）放款人員
18	汽車保險鑑定人員
19	運動賽事裁判
20	銀行櫃檯
21	金屬蝕刻，木材、橡膠雕刻
22	包裝機與充填機的操作與檢查
23	採購人員（採購助理）
24	收送貨人員
25	金屬、塑膠加工用銑床與刨床的操作與檢查

（資料來源）《當AI機器人考上名校：人工智慧時代，未來不被淘汰的關鍵勝出能力》
（原出處）C. B. Frey and M. A. Osborne, “The Future of Employment: How Susceptible are Jobs to Computerisation?” September 17, 2013.

作。

．ＩＴ普及後，整理資料的庶務工作消失了，卻發展出與ＩＴ相關的工作。

如前述例子，在「工業革命」「汽車化」「資訊革命」這種重大技術演進時間點，都有「既有職務消失，同時也發展出新職務」的現象。能確定的是，ＡＩ也將重演歷史。

「ＡＩ職務」會越來越多

隨我認為，在ＡＩ時代一樣會發展出許多新職務。如前述，資訊革命後，隨著網際網路普及化，資訊相關的職務也越來越多。當被問到「您從事什麼工作？」時，回答「資訊類」的人也快速增加。ＡＩ也是一樣，在未來回答「我是做ＡＩ相關工作」的人一定也會快速增加。

就像「資訊類」中還細分各種職務，「ＡＩ相關」這個大類別下，也會細分各式衍生職種。大家不用擔心，雖然有些職務因ＡＩ消失，但那些空缺，一

定也有ＡＩ衍生出的各式職種隨後補上。只是，

最危險的，
是害怕因ＡＩ失業，而執著現職，裹足不前。

我們一定要小心別陷入這種心態。與其擔心「我的工作會不會被取代啊？」，不如思考「如何運用累積的技能與業界知識，與ＡＩ共事」。即，

別怕「因ＡＩ失業」，著手準備從事ＡＩ職務吧！

學習「與AI共事」的技巧

為何日本人會如此不安

前面說「不怕因AI失業」，但我們對AI的恐懼究竟從何而來？大家都有各自理由，但我聽到的大多是像「感覺就很厲害啊」「來路不明的東西」「不知為何但就是害怕」這種籠統的理由，我認為可以歸納成「對未知事物的恐懼」。

知名顧問公司調查指出，在日本，只有二十二％的勞工認為「AI能替自己的工作帶來正面影響」。相較於全球平均六十二％，足足低了四十％（Accenture調查）。從這份調查報告也能得知：「**相較於世界其他國家，日本人對AI的態度更加不安**」。

中國春秋時代的《孫子兵法》中有這麼一段話：「知己知彼，百戰不殆」，意指「只要瞭解自己與對手，就不會輸」。對AI的態度也是一樣，在此借用《孫子兵法》這段話，我認為「知己知AI（彼），百戰不殆」。

- **不瞭解ＡＩ，就會徒增恐懼**
- **瞭解ＡＩ，就能消除恐懼，讓ＡＩ為己所用**

為了擺脫「因ＡＩ失業」所帶來的莫名恐懼與不安，讓我們先跨出第一步吧。這一步就是從瞭解ＡＩ開始。我們越瞭解ＡＩ，不僅越能消除恐懼，更能轉身成為靈活運用ＡＩ的一方。**因為瞭解ＡＩ，我們才能擺脫「因ＡＩ失業」的束縛，踩穩第一步，朝靈活運用ＡＩ的「ＡＩ職務」邁進。**

「與ＡＩ共事」型態日漸普遍

ＡＩ普及化後，需要與ＡＩ共事的職種也隨之增加，或是說「人與ＡＩ共事」的型態更加普遍。

瞭解ＡＩ後就會知道，ＡＩ拿手的事很多，但隨工作內容不同，也有很多事還無法完全取代人。**我們必須瞭解ＡＩ力有未逮之處，加以補足才是。**

依照職務內容，區分人類擅長的工作與ＡＩ擅長的工作，所以人與ＡＩ共事、互補的模式，也能分成好幾種。有些是ＡＩ補足人類弱點，有些是人類補足ＡＩ缺陷。

我們以「工作內容分給ＡＩ的比例」，劃分人與ＡＩ共事的型態，具體而言有下列5種：

①**人獨立工作**
②**ＡＩ輔助人工作**
③**ＡＩ擴展人的能力範圍（不擅長的事、做不到的事）**
④**人輔助ＡＩ工作（擅長的事）**
⑤**ＡＩ獨立工作＝ＡＩ完全取代人的工作**

我們也能將這五種模式，視為與ＡＩ共事的不同階段（圖表1-2）。從「人獨立工作」變成「ＡＩ完全取代人的工作」的狀態，說穿了也就是從「ＡＩ輔助人」變成「人輔助ＡＩ」罷了。

交給ＡＩ的工作比例由人類掌控，負責最佳化人與ＡＩ共事型態（交給ＡＩ的比例）的重要角色也是人類，而扮演這個角色的正是新誕生的「ＡＩ職務」。

圖表1-2　人類與AI共事的不同階段

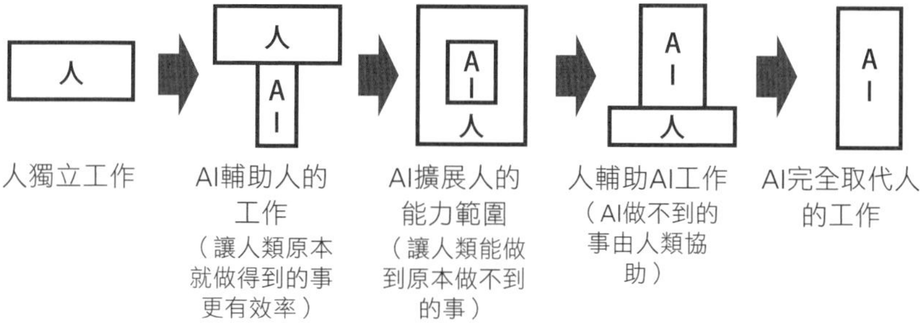
人
人
AI
AI
人
AI
人
AI
人獨立工作
AI輔助人的工作（讓人類原本就做得到的事更有效率）
AI擴展人的能力範圍（讓人類能做到原本做不到的事）
人輔助AI工作（AI做不到的事由人類協助）
AI完全取代人的工作

「ＡＩ職務」就是負責靈活掌控「人與ＡＩ共事」的角色。

我們為了實踐這個角色，必須瞭解ＡＩ，也需要再次確認人類擅長與不擅長的事。

五種「共事型態」

依分工比例不同分為五種

隨著ＡＩ實務應用比例提升，也衍生出各種人類與ＡＩ的分工型態。並非所有工作都會被ＡＩ取代，也不是所有工作皆由人類獨自完成，哪部分交給人類、哪部分交給ＡＩ，每種工作都有合適的分工比例，而人類與ＡＩ的分工是否依照工作內容妥善規劃，將影響未來商業與店家的生產力。

人與ＡＩ的分工可分為下列五大型態（圖表1-3）

①「一型」：人獨立工作

②「T型」：ＡＩ輔助人的工作

③「O型」：ＡＩ擴展人的能力範圍

④「倒T型」：人輔助ＡＩ工作

⑤「I型」：ＡＩ完全取代人的工作

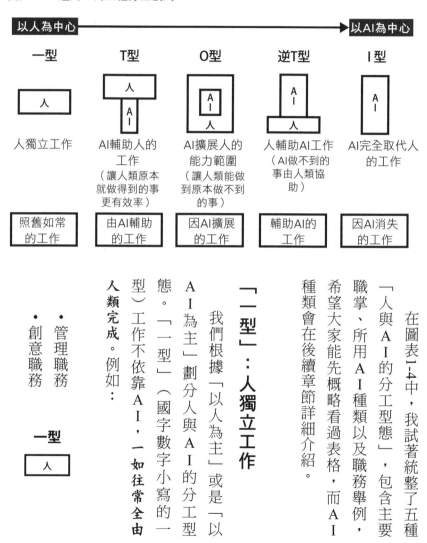

圖表1-3　運用AI的五種分工模式

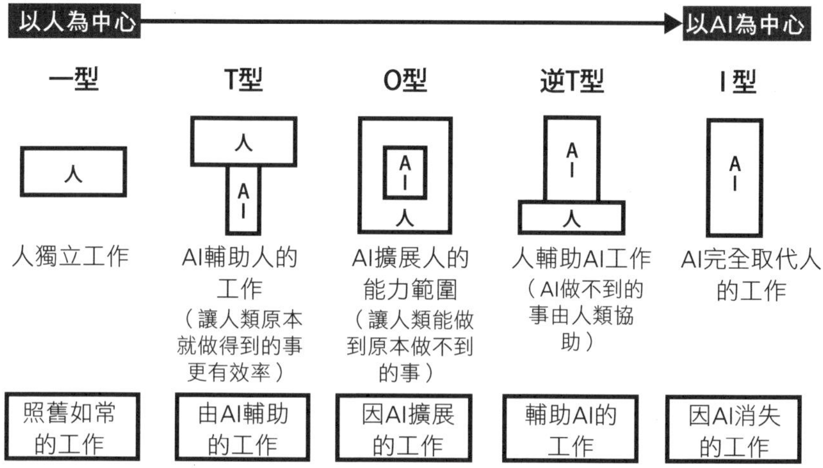
以人為中心
以AI為中心
一型
T型
O型
逆T型
I型
人
人
AI
AI
人
AI
人
AI
人獨立工作
AI輔助人的工作（讓人類原本就做得到的事更有效率）
AI擴展人的能力範圍（讓人類能做到原本做不到的事）
人輔助AI工作（AI做不到的事由人類協助）
AI完全取代人的工作
照舊如常的工作
由AI輔助的工作
因AI擴展的工作
輔助AI的工作
因AI消失的工作

在圖表1-4中，我試著統整了五種「人與AI的分工型態」，包含主要職掌、所用AI種類以及職務舉例，希望大家能先概略看過表格，而AI種類會在後續章節詳細介紹。

「一型」：人獨立工作

我們根據「以人為主」或是「以AI為主」劃分人與AI的分工型態。「一型」（國字數字小寫的一型）工作不依靠AI，**一如往常全由人類完成**。例如：

- 管理職務
- 創意職務

一型
人

主要職掌	所用AI	職務舉例
管理		經營管理
創意		設計 創作
接待服務	對話型AI	商店接待顧客
業務	對話型AI	不動產業務員 保險業務員 B2B業務員
教育	預測型AI	授課
企劃、文字工作	預測型AI	撰稿 企劃
社會工作	執行型AI	長照 社福工作
高度專業	辨識型AI、預測型AI	醫療、護理 律師 會計師
預測分析	預測型AI	交易員 分析師 市場分析工作
資料輸入	辨識型AI、預測型AI	打逐字稿 翻譯
電話應對	對話型AI	電話客服
駕駛	執行型AI	計程車／公車駕駛
搬運	執行型AI	理貨員與卡車駕駛
點單、結帳	對話型AI	零售店收銀 餐飲店點單
監視	辨識型AI、預測型AI	異常偵測與監視 不良品檢驗

圖表1-4　人與AI的分工型態

分工型態		狀態
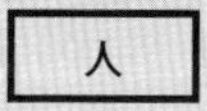	**一型** 人獨立工作	只有人執行工作，AI未介入的狀態。
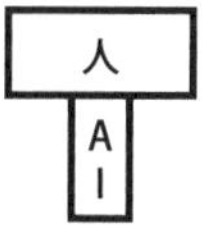	**T型** AI輔助人的工作	人類是主要工作執行者，AI只取代部分工作。
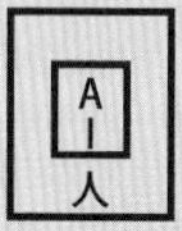	**O型** AI擴展人的能力範圍	人因AI擴展能力範圍，能做到以前無法達成的工作。
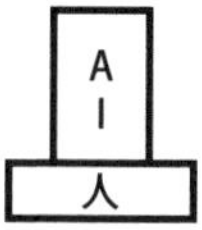	**倒T型** 人輔助AI工作	AI取代人類執行大部分工作，但仍有一小部分需要人輔助。需要人進行部分事前準備，或是因為AI尚有不足之處，而需要人進行最終檢查的狀態。
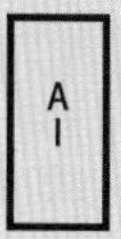	**I型** AI完全取代人的工作	幾乎由AI負責執行所有工作的狀態。

像是經營管理這類管人或開公司的「管理職務」，以及設計並進行各式創作的「創意職務」，都是典型的「一型」工作。雖然AI也能間接輔助部分「一型」工作，但在不依賴AI的情況下，更能彰顯出只有人類才能創造出的價值。

「T型」：AI輔助人的工作

橫畫代表人，而AI在底下支撐，這就是「T型」分工型態，將**原本由人類處理的工作，部分交由AI執行，輔助人類**。屬於T型分工模式的職種如下所示：

- 接待服務
- 業務
- 教育
- 企劃、文字工作
- 社會工作（Social Work）

T型

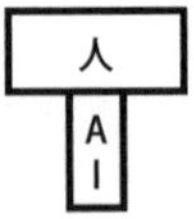

為了讓大家更有概念，舉例如下：店員屬於接待服務類；不動產業務員、保險業務員、Ｂ２Ｂ業務員屬於業務類；授課屬於教育類；企劃人員、撰稿人員屬於企劃、文字工作類；長照、社福工作屬於社會工作類。

在Ｔ型分工型態下，執行工作時，人類與ＡＩ互動增加，**是否擁有ＡＩ相關知識將影響工作效率**。從事Ｔ型工作的人，若能掌握一定程度的ＡＩ知識，知道ＡＩ擅長與不擅長的工作，就能運用ＡＩ提升自我工作效率。

以店員接待顧客來說，假設服飾店導入內建ＡＩ的平板電腦，當顧客詢問時，由ＡＩ平板代替店員回答，或許就能找出顧客想找的品項，或是根據歷史購買紀錄推薦其他商品。不過，只由ＡＩ接待一定無法百分之百滿足所有顧客的需求。例如，可能會有顧客想問問熟識店員的意見，或是想開心地邊聊邊選。

若店員能掌握ＡＩ在接待顧客這一塊的「能」與「不能」，就能自如調控哪些工作由ＡＩ代替，哪些工作該由自己花心思服務顧客。**瞭解ＡＩ、控制ＡＩ，就更能發揮Ｔ型分工效益**。

「O型」：AI擴展人的能力範圍

T型分工是AI代替、輔助人類原本的工作，而「O型」則是**由AI擴展人的能力範圍，進而涵蓋到人類原本辦不到的事**。「O」這個字，代表將AI加進工作後，擴展了能力範圍的概念。以下是兩個AI擴展人類能力範圍的典型「O型」工作。

O型

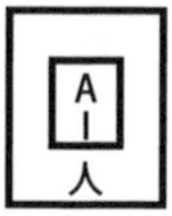

- 高度專業職務
- 預測分析職務

「**高度專業職務**」與「**預測分析職務**」等，屬於AI擴展人類能力範圍的「O型」職種。只說「高度專業」可能過於廣泛，具體而言是需要國家證照、專業知識與經驗的領域，像醫療、護理、律師、會計師等。

醫療領域在「擴展人類能力範圍」已有許多案例。在提升影像診斷精準度方面，就有AI根據大腦萎縮狀態，判斷罹患阿茲海默症的可能性，或是AI的癌症偵測率已高於醫師等例子。而擴展醫事人員能力範圍的例子也不少，像是運用AI事先預測生活型態病，或是預測流感會不會流行。

此外，在律師業務領域，AI根據無數過往判例，預測此次案件將如何發展、關鍵為何、最後判決結果等，律師與其助手的能力範圍，也因AI得以擴展。

從事「O型」職務的人面對AI時，要先掌握人類的「能」與「不能」，接著再從人類「不能」之處，找出「運用AI就能做到的事」「運用AI能達成後，會大大提升價值的事」。若工作、產業的深厚知識，能與AI基礎知識發揮綜效，定能為現職帶來重大變革。

要提升O型職務中活用AI的程度，僅靠只懂AI的專家將困難重重。因為這些高度專業的工作，沒有深厚業界知識是做不來的。正因如此，**同時擁有深厚業界知識與AI知識的文科AI人才，將會是提升AI活用度的關鍵角色。**

「預測分析職務」也相同，包含交易員、分析師、市場分析工作，擁有既存職種領域知識的商務人士，將成為AI運用的推手。

「倒T型」：人輔助AI工作

AI輔助人類的「T型」與AI擴展人類能力的「O型」工作，主要執行者都是人類。

而「倒T型」則是「**主要執行者為AI，不足之處才由人類輔助**」的分工型態。若AI能執行所有工作步驟，或是AI的產出能穩定保有高精準度，就能歸類到「I型」——工作幾乎由AI包辦的型態，但大部分的工作尚未達到這種程度。

在「倒T型」工作中，為了讓AI能順利執行，**需要人類做好事前準備**，**或是檢查AI產出，並適時修正，以補足AI缺失**，將人類輔助AI的概念以倒轉的T字呈現。

「倒T型」的職務範例有下列4項。

・資料輸入
・電話應對
・駕駛
・搬運

倒T型

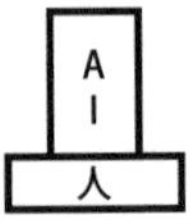

具體而言，像是打逐字稿、翻譯、電話客服、計程車／公車駕駛、理貨員、貨車駕駛等。

例如，以ＡＩ做逐字稿，自動轉換正確率大約有九成以上，還無法產出完全正確的文章。因為ＡＩ特別容易聽錯新詞彙與特殊用語，就算ＡＩ能執行大部分逐字稿工作，仍需**由人類檢查錯誤或是人工修正**，才能確保文章產出品質。

此外，雖然ＡＩ也越來越擅長電話應對，但仍需人類輔助才能確保服務品質。以ＡＩ合成的語音品質多有提升，尤其是英文，漸漸聽不出與人聲的差異。若為電話預約等單純對話，ＡＩ也能幾乎正確地完成。然而，像是應對突發狀況、處理客訴等，ＡＩ仍無法全程獨立對話。我們可以建立工作流程，當ＡＩ無法處理時，透過系統轉接給輔助待命人員，來確保電話回應品質。

在「倒Ｔ型」的分工中，雖然**將大部分工作都交給ＡＩ，但仍需人類補足ＡＩ不擅長之處**。瞭解ＡＩ的運作機制才能好好輔助ＡＩ，像是「ＡＩ能處理這種簡單的電話應對，但無法處理突發問題」「安全性能因ＡＩ達到九十九％，但百分之一仍恐發生重大事故」等，澈底瞭解ＡＩ不擅長之處，是「倒Ｔ型」工作者使用ＡＩ時的必備認知。

「I型」：AI完全取代人的工作

最後是AI完全取代人類工作的「I型」，工作執行以AI為主。「I型」是AI獨立工作，不依賴人類的狀態，屬於I型的工作可能「**因AI消失**」。當AI能完全取代人類，很遺憾，這項工作只會日漸式微，甚至完全消失也不意外。

人類也很難在「I型」工作發揮價值。這類工作的例子如下。

- 點單、結帳
- 監視

I型

「點單、結帳」與「監視」是典型「I型」工作。零售業收銀、餐廳點單等，都屬「點單、結帳」；「監視」則像是異常偵測與監視、檢測不良品等工作。除了上述例子，可預見的是未來將有**更多工作逐漸**「**I型化**」。

請立刻行動。AI時代將是「不行動就落後」的時代

隨著前面介紹的「人類與AI共事」越來越普遍，可預見的是社會各個角落，都將發生重大改變。而在發生巨變的時代，「不行動」將是風險。AI時代就是「不行動就落後」的時代。

如前所述，有調查報告指出「相較於世界其他國家，日本人對AI的態度更加不安」。在先進國家中，唯獨日本人對AI態度如此消極，是十分可悲的事。

若付諸行動積極運用AI的日本人再不增加，我們就無法追上國與國之間的行動差距。

別再擔心害怕改變了，每個人都動起來吧。「**行動**」，**才是人類與AI共事時代能安居樂業的唯一解方**。未來「**與AI共事技能**」將變得十分重要，在這個急速變化的時代裡，盡早學會它吧。

第二章

AI在人文領域的應用職業

How
AI & the Humanities Work
Together

要從「建立AI」轉而「使用AI」

「建立AI」和「使用AI」是兩回事

目前的AI人才教育都著重「**建立**」AI。

「建立AI」的教育環境可說是越來越完備。像是AI技術理論等，從AI程式設計與伺服器建構法，到AI學習法的選擇、學習資料加工方法，教述這些內容的書籍與教育課程也越來越豐富。在這種教育環境下，AI工程師[1]、資料科學家[2]等，邁向「建立」AI職涯的人才，也較過去顯著增加。

當「建立」AI的教育環境日漸完備同時，「**使用**」**AI的教育、輔助**「**使用**」**AI人才職涯規劃的環境，卻是相對缺乏**。我認為我們該多加投入，讓像本書這種「使用」AI的工具書，以及相關教育課程更加充實才是。

非專業人士也能建立AI

事實上，近年「建立」AI的難度也越來越低。其中的原因，除了擁有

「建立」ＡＩ經驗的人增加，教育環境也日漸完備外，ＡＩ開發環境也更便利。與過去相比，建立ＡＩ更容易了。

所需的ＡＩ精準度隨情境而異，在某些不追求高精準度ＡＩ的情境，**就算沒有經驗老到的ＡＩ工程師與資料科學家協助，非專業人士也能建立ＡＩ。**

取代「從零開始建立ＡＩ」的三個選項

幾年前建立ＡＩ幾乎都還是從零開始[3]。但隨著技術與服務演進，我們也脫離從零開始建立ＡＩ的時代。取而代之的是下列三個選項（圖表2-1）。

1 ＡＩ工程師負責開發ＡＩ系統。像是ＡＩ用的伺服器、程式，以及微調ＡＩ等，視個人選擇，負責領域不盡相同。
2 資料科學家透過數理統計方法，建立ＡＩ模型。像是處理學習資料、系統端等，視個人選擇，負責領域不盡相同。
3 development from scratch：不使用既存基礎，從零開始製作。

圖表2-1　AI開發環境的演進

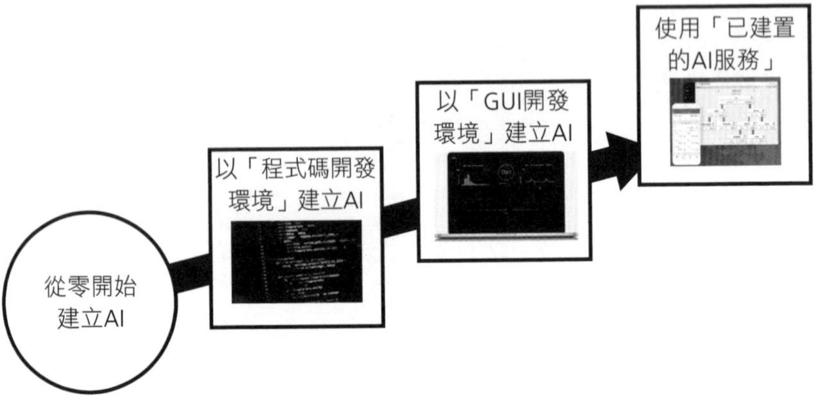

- **以「程式碼[4]開發環境」建立AI**
- **以「GUI[5]開發環境」建立AI**
- **使用「已建置的AI服務」**

這些新選項的幕後推手是知名平台與新創公司。Amazon與Google等平台業者，以及國內外的AI新創公司大力推展「程式碼開發環境」與「GUI開發環境」，大大改變了AI開發流程。

「程式碼開發環境」以撰寫AI程式碼為前提，是提供給具備程式撰寫能力者的服務。雖然需要自行撰寫程式，但服務提供多項輔助功能，**比從零開始建立AI輕鬆許多**。「程式碼開發環境」的例子如下：

- Amazon SageMaker（圖表2-2）
- Google AI Platform（圖表2-3）
- Azure Machine Learning
- Watson Machine Learning

在「GUI開發環境」中無須撰寫AI程式碼，而是透過GUI（Graphical User Interface，圖形使用者介面）畫面操作來建立AI，服務主要**是提供給沒有程式撰寫能力的人**。「GUI開發環境」的例子如下：

- Google Cloud AutoML（圖表2-4）
- DataRobot
- Sony Prediction One
- MAGELLAN BLOCKS

4 程式碼為程式設計的組成要素。

5 GUI全名是Graphical User Interface（圖形化使用者介面），意指透過拖曳（drag and drop）與點擊（click）操作的畫面。

圖表2-2　Amazon SageMaker的說明頁面

（資料來源）https://aws.amazon.com/tw/sagemaker/

圖表2-3　Google AI Platform的說明頁面

（資料來源）https://cloud.google.com/ai-platform/

圖表2-4　Google Cloud AutoML的說明頁面

（資料來源）https://cloud.google.com/automl/

- ABEJA Platform

多虧「程式碼開發環境」和「GUI開發環境」日漸普及，**建立AI不再是難事**。

做不出AI也無妨，只要「會用就好」

各家公司更接著推出「已建置的AI服務」，使用服務就是**使用建好的AI，無需自建**。若有已開發且合適的AI，直接使用即可，這讓AI運用加速普及。「已建置的AI服務」例子如下：

圖表2-5　Amazon的AI服務說明頁面

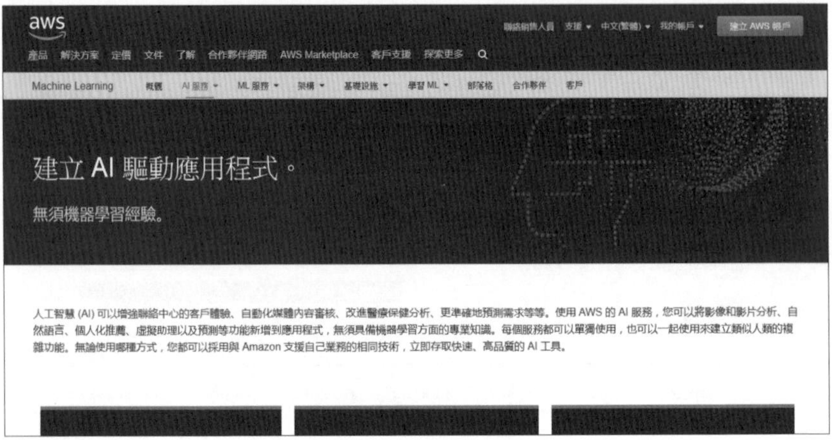

（資料來源）https://aws.amazon.com/tw/machine-learning/ai-services/?nc1=h_ls

- Google的AI服務
- Amazon的AI服務（圖表2-5）
- LINE BRAIN（台灣最快2020年下半年開始此服務）
- Azure Cognitive Service
- Watson API

「已建置的AI服務」中，主要涉及「**聊天機器人**」「**OCR**[6]」「**影像辨識**」「**語音辨識**」「**語音合成**」等主題。不自行開發，直接使用這些AI，就能滿足企業需求的案例也越來越多。

隨著「程式碼開發環境」「GUI開發環境」「已建置的AI服務」持續發展，需要「從零開始建立AI」的情境也越來越少。因為上述原因，相較於過去只能從零開始建立AI，**現在已經是沒有建立AI專業技能也能輕鬆建立、使用AI的時代了**。

6 OCR（Optical Character Recognition，光學字元辨識），是將圖片內文字轉換成文字檔的軟體。

能靈活運用ＡＩ的「文科ＡＩ人才」日趨重要

判斷是否建立，或直接使用ＡＩ的能力變得重要

如前述，隨著「程式碼開發環境」「ＧＵＩ開發環境」發展，現在建立ＡＩ的環境已大不相同。而隨著「已建置的ＡＩ服務」陸續推出，無需自建，「直接使用ＡＩ即可」的情況也變多了。

若能自建ＡＩ，不僅客製程度高，也能要求ＡＩ的精準度，但尋找建立ＡＩ的人才、維持ＡＩ系統，將耗費龐大成本。而自建ＡＩ選項中，「程式碼開發環境」的客製程度的確比較高，但開發較困難且耗時。相對於此，「ＧＵＩ開發環境」雖然客製化程度稍低一些，但開發簡單省時是一大特點。

若使用「已建置的ＡＩ服務」（現成的ＡＩ）就更簡單了，導入前的準備期間更短，在大部分的情況下，總成本相對較低，但客製化程度就比不上自建ＡＩ（圖表2-6）。

選項越多，就更需要依用途適當判斷，

圖表2-6　區分使用自建AI和現成AI

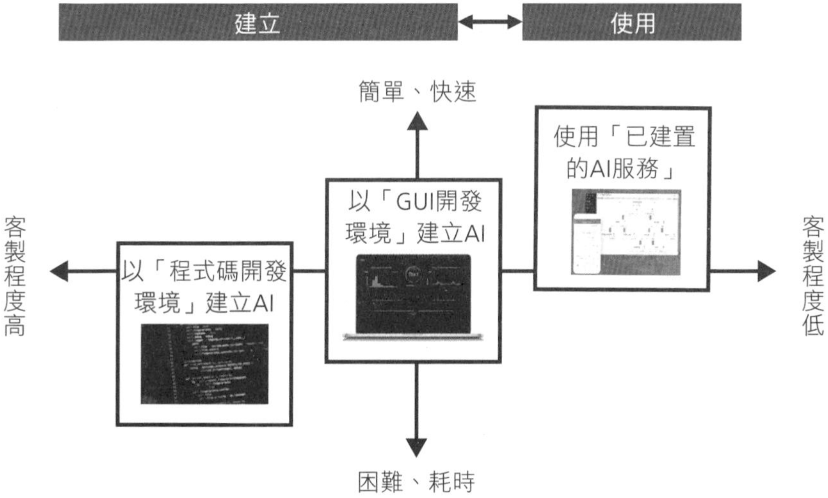
建立
使用
簡單、快速
使用「已建置的AI服務」
以「GUI開發環境」建立AI
客製程度高
以「程式碼開發環境」建立AI
客製程度低
困難、耗時

判斷「要自建AI、客製化到什麼程度，還是不自建，直接使用現有AI」的能力

將十分關鍵。以下整理各家AI開發環境與已建置的AI服務（圖表2-7），供大家參考，作為判斷時的依據。

「善用AI」的人能帶動商機

過去各種AI專案，感覺大多是以「總之先建出AI」為目的，但在公司內活用AI，實際上應是以帶來巨大商業價值為初衷。此

GUI開發環境 以GUI建立AI 	**已建置的AI服務** 使用現成AI 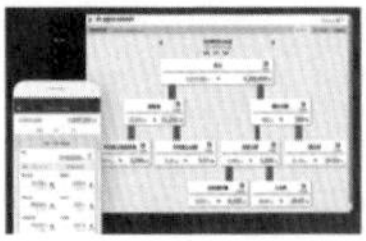
• **Google Cloud AutoML** AutoML Tables AutoML Vision AutoML Video Intelligence AutoML Natural Language AutoML Translation	• **Google的AI服務** Vision AI（辨識） Video AI（影片分析） Natural Language（理解語言） Translation API（翻譯） Cloud Speech-to-Text（語音轉文字） Cloud Text-to-Speech（語音化） Dialogflow（對話） Recommendations AI（推薦）
	• **Amazon的AI服務** Amazon Rekognition（辨識） Amazon Textract（OCR） Amazon Transcribe（語音轉文字） Amazon Translate（翻譯） Amazon Comprehend（分析情緒） Amazon Polly（語音化） Amazon Lex（交談） Amazon Forecast（時間序列預測） Amazon Personalize（個人化）
• **DataRobot** • **Sony Prediction One** • **MAGELLAN BLOCKS** • **ABEJA Platform** • **Azure Machine Learning服務的視覺化介面等**	• **LINE BRAIN** 影像辨識、聊天機器人、OCR、語音辨識、語音合成 • **Azure Cognitive Services** • **Watson API** • **各家AI雲端服務**

圖表2-7　各家AI開發環境與已建置的AI服務

種類 平台	**程式碼開發環境** 撰寫程式碼建立AI 
Google	• Google AI Platform • BigQuery ML （用SQL建置模型的環境）
Amazon	• Amazon SageMaker • AWS DeepRacer （自動駕駛迷你車） • AWS RoboMaker （機器人應用程式）
其他	• Azure Machine Learning • Watson Machine Learning等

時，為了最大化商業價值，自建ＡＩ也好，使用現成ＡＩ服務也好，關鍵都是「善用ＡＩ」。

就算建出高精確度ＡＩ，若沒有好好規劃適用的商業情境，也無法真正活用ＡＩ，拿不出好成果。**最壞的情況是無法融入工作流程，就算建出再優秀的ＡＩ，最後也只能束之高閣**。這種案例層出不窮，由此可知「善用ＡＩ」是何等重要。

建立ＡＩ不再困難，已建置的ＡＩ服務也持續增加，我們已經進入重視**「能善用ＡＩ的人才」**時代，**熟知商業運作與業界知識，且精通ＡＩ的人才，將備受重用**。

雖然沒有建立ＡＩ的專業能力，但有商業與業界知識的文科人才，只要扎實學習ＡＩ基礎，成為「文科ＡＩ人才」、成為「能善用ＡＩ」的人才，就能站上活用ＡＩ第一線大展身手。

「文科ＡＩ人才」的工作內容為何？

文科ＡＩ人才的工作，是理組ＡＩ人才職掌外的「所有工作」

前面提過，雖然做不出ＡＩ，但會用ＡＩ就好，能善用ＡＩ的人，才能帶動商機。過去大家把焦點放在理組人才擅長的「建立ＡＩ」職務，但隨著實務上導入ＡＩ的情況越多，未來一定會產生許多「建立ＡＩ」以外的工作。這類工作將成為文科生擅長的領域，也將**大量出現屬於「文科ＡＩ人才」的職務**。

那「文科ＡＩ人才」的工作內容究竟為何？

像資料科學家與ＡＩ工程師等，也就是所謂的「**理組ＡＩ人才**」，**主要負責「建立ＡＩ」**。建出ＡＩ後，「**建置正式上線的ＡＩ系統**」，還有為了讓第一線能持續使用ＡＩ的「ＡＩ系統維運管理」，也都是理組ＡＩ人才的重要任務。

而「**文科ＡＩ人才**」**負責**的，就是除了上述「**理組ＡＩ人才**」**職掌外**，「**所有為了活用ＡＩ的必要工作**」。

大家可以想成在資訊服務業界，有像資訊工程師的理組職位，也有資訊服

圖表2-8　文科AI職務

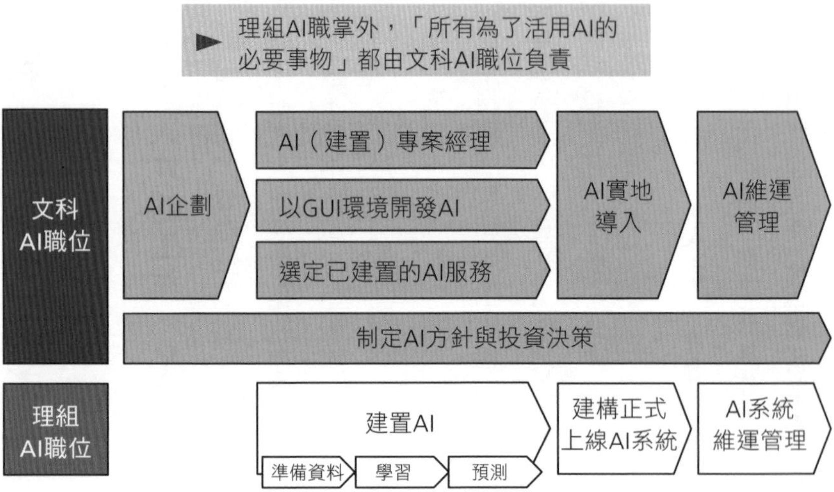
理組AI職掌外，「所有為了活用AI的必要事物」都由文科AI職位負責
文科AI職位
AI企劃
AI（建置）專案經理
以GUI環境開發AI
選定已建置的AI服務
AI實地導入
AI維運管理
制定AI方針與投資決策
理組AI職位
建置AI
準備資料
學習
預測
建構正式上線AI系統
AI系統維運管理

務運作所需的文科職位，或許會比較好理解。

文科AI人才具體工作內容

隨著AI普及，可預期的是文科AI人才的工作內容會更加複雜、範圍更廣。讓我們來看看幾個現階段文科AI人才具體工作內容例子。

前面介紹的「理組AI人才」主要負責「建立AI工作（建置AI）」「建置正式上線的AI系統」「AI系統維運管理」，除了這三項外，其他活用AI的必要工作將仰賴「文科AI人才」。

圖表2-8以文、理組區分，整理了「ＡＩ人才」的典型職務。

「ＡＩ企劃」：思考如何活用ＡＩ

以下逐一介紹文科ＡＩ人才的工作內容。首先，「ＡＩ企劃」是思考在商務情境中如何選用ＡＩ，以及如何活用ＡＩ的工作。

ＡＩ企劃並不以建立ＡＩ為目的，而是為了解決商業課題，或是為了消除客戶的困擾，仔細制定ＡＩ計畫，讓計畫更明確。ＡＩ企劃負責構思5Ｗ1Ｈ（後面會詳細說明），包含「ＷＨＯ：ＡＩ為誰服務？」「ＷＨＹ：為何需要ＡＩ？」「ＷＨＩＣＨ：哪種ＡＩ？」「ＷＨＡＴ：怎樣的ＡＩ？」「ＨＯＷ：如何分工？」「ＷＨＥＮ：時限為何、如何準備？」（圖表2-9）。

「要自建ＡＩ嗎？」「選擇哪種開發環境？」「或是要使用已建置的ＡＩ服務嗎？」等問題，也都是「ＡＩ企劃」（更明確的說是在「ＷＨＥＮ：時限為何、如何準備？」）的決策範圍，訂出方針後，再從「ＡＩ（建置）專案經理」「以ＧＵＩ環境開發ＡＩ」「選定已建置的ＡＩ服務」擇一執行。

圖表2-9　AI企劃的5W1H

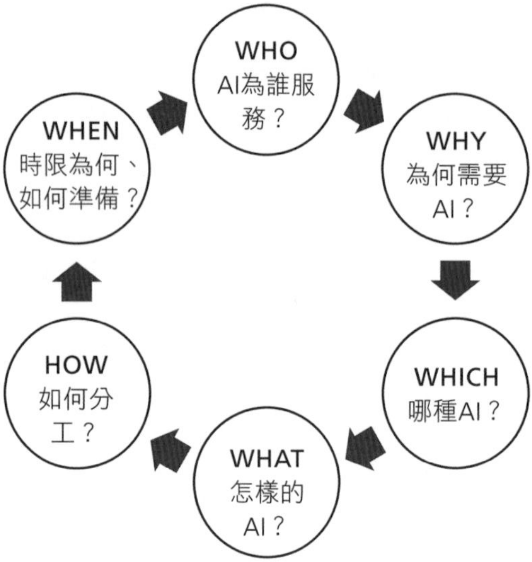

「AI（建置）專案經理」負責管理專案大小事務

「AI（建置）專案經理」的工作是管理AI專案大小事務。若「已建置的AI服務」無法滿足需求，就得自行開發。選擇「從零開始」或「以程式碼開發環境」建置AI的話，專案經理就必須將專案分派給公司內部、或是發包給外部的資料科學家與AI工程師等理組AI人才，負責時程控管、品質管理，以及預算管理等。

「以ＧＵＩ環境開發ＡＩ」也能是文科職缺

若決定自行「以ＧＵＩ環境開發ＡＩ」，也能直接由文科ＡＩ人才負責建置。「以ＧＵＩ環境開發ＡＩ」的確缺乏客製彈性，但無須ＡＩ程式撰寫技術，也不用進行複雜的資料處理。雖然仍須學習開發工具的使用方式，但只要用ＧＵＩ開發工具，文科ＡＩ人才也能自行建置ＡＩ。後面章節會詳細說明如何運用ＧＵＩ開發環境建置ＡＩ。

討論如何「選定已建置的ＡＩ服務」

若不自建而決定採用「已建置的ＡＩ服務」，下一步就是從眾多服務中「決定使用哪個已建置的ＡＩ服務？」

不具備ＡＩ基本知識，就很難對「哪個已建置的ＡＩ服務較好、較適合自家公司呢？」等問題做出評斷。在學會ＡＩ基礎知識後，掌握選定合適ＡＩ服務的能力吧。

「ＡＩ實地導入」與「ＡＩ維運管理」的工作內容

為了導入建置完成的ＡＩ到職場與店鋪等地，而根據工作流程細項，規劃、執行導入計畫的工作就是「ＡＩ實地導入」。分有導入自建ＡＩ，以及導入已建置的ＡＩ服務兩種情況。

「ＡＩ維運管理」則是在導入ＡＩ後，持續運用ＡＩ，管理運用方法等。

「制定ＡＩ方針與投資決策」是制定活用ＡＩ策略的工作

「制定ＡＩ方針與投資決策」決定活用ＡＩ的大方向，或是決定ＡＩ相關投資，也就是制定策略。主要執行者為企業經理、管理階層，或是顧問，其中當然不乏理組背景的人，但本書將「理組ＡＩ人才」以外的ＡＩ相關人才，定義為「文科ＡＩ人才」，還請各位以此為前提繼續閱讀。

「制定ＡＩ方針與投資決策」需要做出影響重大的商業決策，若只有商業領域經驗，恐怕難以做出正確判斷。透過學習ＡＩ基礎知識與各種相關案例，就能扮演好「制定ＡＩ方針與投資決策」角色。具體的工作內容如下：

- 決定積極活用ＡＩ的事業領域、服務與部門
- 制定延攬、培育ＡＩ人才方針
- 決定企業內部ＡＩ相關項目的投資金額
- 估算ＡＩ投資報酬率
- 制定企業內部活用ＡＩ的競爭優勢策略
- 制定企業內部中長期ＡＩ應用計畫

每個行業都會出現ＡＩ專家

隨著ＡＩ在不同行業的應用越來越廣泛，未來可望出現「特定行業ＡＩ專家」職業。

- 流通、零售ＡＩ專家
- ＥＣ、ＩＴ的ＡＩ專家
- 時尚ＡＩ專家
- 娛樂、媒體ＡＩ專家

- 運輸、物流ＡＩ專家
- 汽車、交通ＡＩ專家
- 製造、資源ＡＩ專家

各領域的ＡＩ專家，理應善用ＡＩ，並活用他們深厚的業界知識，以大幅提升工作效率，或是將過去領域內做不到的事，以新服務姿態推出亮相。

文科ＡＩ人才的工作將越分越細

由於文科ＡＩ人才負責「所有」理組ＡＩ人才職掌外的事物，除了前面介紹的工作外，那些為了活用ＡＩ，而衍生出的大大小小不同工作內容，也都是文科ＡＩ人才的工作。此外，像是ＡＩ服務的業務人員、ＡＩ學習資料建置者、ＡＩ相關教育訓練師等，雖未在本書具體說明，也都歸屬文科ＡＩ人才範疇。

隨著未來職缺多樣化發展，像是「ＡＩ企劃」工作，或許會由ＡＩ策劃師、ＡＩ顧問等職稱的人負責。而「ＡＩ（建置）專案經理」工作，也會以

ＡＩ專案經理、ＡＩ總監等職缺名稱，更廣為人知。

負責「ＡＩ維運管理」的人或許會被稱為ＡＩ支援人員、公司內部ＡＩ經理等。**文科ＡＩ人才的職缺會越分越細，更會發展出文科ＡＩ人才彼此分工合作的模式。**這個現象與ＩＴ滲透期相同，在初期由少數職位負責大部分工作，隨時間演進，職種也越分越細，這種專職化現象，一定也會發生在文科ＡＩ人才的工作上。

成為「文科ＡＩ人才」四步驟

需要的是「ＡＩ共事力」

前面介紹了文科ＡＩ人才的工作內容，容我重述，文科ＡＩ人才的工作是ＡＩ相關業務中「理組ＡＩ人才職掌外的所有事物」，廣泛包含「ＡＩ企劃」「ＡＩ（建置）專案經理」「以ＧＵＩ環境開發ＡＩ」「選定已建置的ＡＩ服務」「ＡＩ實地導入」「ＡＩ維運管理」「制定ＡＩ方針與投資決策」。

在橫跨不同領域的文科ＡＩ人才工作裡，所需具備的共通能力就是「ＡＩ共事力」。

在「ＡＩ共事型態」，曾提過數個模式，當ＡＩ滲透之際，ＡＩ取代了、或擴展了人類的工作，人類與ＡＩ共同工作的場景一定會越來越多。如此背景之下，在人類與ＡＩ共同工作為前提的環境裡，「ＡＩ共事力」將是相當重要的能力。

那要如何習得「ＡＩ共事力」呢？方法不少，但首要之務為瞭解ＡＩ基礎、瞭解ＡＩ的建立方法、磨練活用ＡＩ的企劃能力、澈底瞭解ＡＩ案例。以下具體介紹這四個步驟。

學習基礎、建立方法、企劃力、案例

只要按照圖表2-10的四個步驟，就能習得「ＡＩ共事力」，成為「文科ＡＩ人才」。我有時也會稱這四步驟為「四階架構」。我認為，這是文科生從零開始學習ＡＩ事物的最佳順序、最佳內容。

接下來的章節將依序說明這四個步驟。透過閱讀後續章節，為成為文科

圖表2-10　四步驟習得「AI共事力」

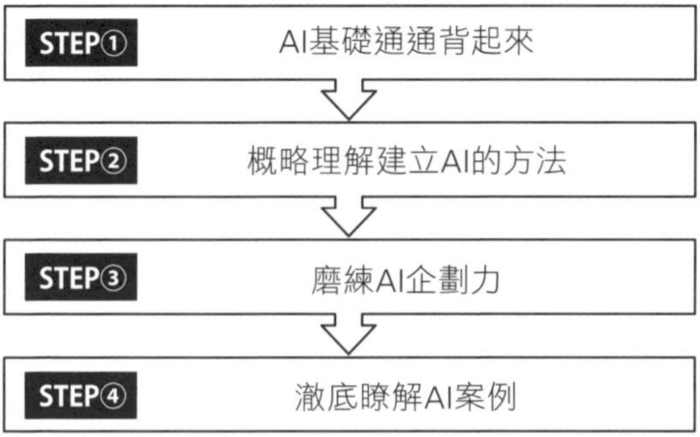
STEP①
AI基礎通通背起來
STEP②
概略理解建立AI的方法
STEP③
磨練AI企劃力
STEP④
澈底瞭解AI案例

ＡＩ人才鋪路吧。

藉由深入且廣泛地學習文科ＡＩ人才必備的ＡＩ知識，文科ＡＩ人才的職涯發展，可以是拓展能力範圍，也能是針對單一領域進一步鑽研。

第三章 STEP①

把AI基礎的關鍵用語背下來

How
AI & the Humanities Work
Together

ＡＩ、機器學習、深度學習的差異

從ＡＩ、機器學習、深度學習這三大分類記起

請將成為文科ＡＩ人才所需的ＡＩ基礎記起來。多少會出現一些棘手的詞彙，就當成學習範圍背誦吧。

ＡＩ基礎有三項：「ＡＩ分類」「基礎ＡＩ用語」「ＡＩ的機制」，只要理解這些就能掌握ＡＩ。

首先從「ＡＩ分類」學起。雖然以「ＡＩ分類」一詞概括，但實際上ＡＩ能從各種角度分類。第一種角度是「ＡＩ、機器學習、深度學習三大類」，第二種角度是「三種學習方式」，第三種角度是「ＡＩ活用八型」（圖表3-1）。

圖表3-1　從三種角度瞭解AI分類

就像是「武士」「德川家武將」「德川家康」之間的差異

讓我們從「AI、機器學習、深度學習三大類」開始記起。電視、報章雜誌幾乎每天都會提到AI、機器學習、深度學習，但在談論這些詞彙同時，擁有正確認知的人卻是少之又少。

好的，雖然是個突兀的怪比喻，讓我們以「武士」「德川家武將」「德川家康」之間的關係為例，思考AI分類吧。

「武士」是最廣義的詞，包含「德川家武將」，而「德川家康」是其中一位德川家武將。但因為這位「德川家康」是一個特殊的存在，讓德川家倍受矚目，武士世界也得以發展。

若將此例類比到AI、機器學習、深度學習就會變成（圖表3-2）：

圖表3-2　瞭解AI、機器學習、深度學習的差異①

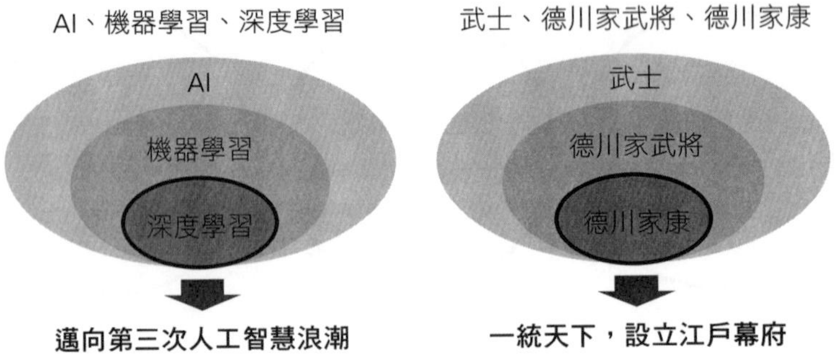
AI、機器學習、深度學習
AI
機器學習
深度學習
邁向第三次人工智慧浪潮
武士、德川家武將、德川家康
武士
德川家武將
德川家康
一統天下，設立江戶幕府

「AI」是最廣義的詞，包含「機器學習」，而「深度學習」是其中一種機器學習。但因為「深度學習」是一個特殊的存在，讓機器學習倍受矚目，近年AI世界得以急速發展。

能掌握概念了嗎？

也用機器人世界來比喻吧。

「機器人」是最廣義的詞，包含「人型機器人」，而「原子小金剛」是其中一種人型機器人。但因為「原子小金剛」是一個特殊的存在，讓人型機器人倍受矚目，近年機器人世界得以急速發展（圖表3-3）。

讓我們邊揣摩這些例子，邊探探AI、機器學習、深度學習的面貌（圖表3-4）。

- AI是能實作出同等人類智慧的技術
- 機器學習是一種AI，經過學習就能執行特

圖表3-3　瞭解AI、機器學習、深度學習的差異②

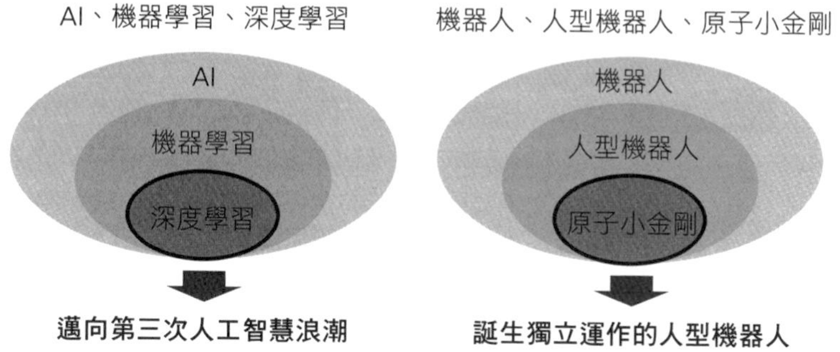
AI、機器學習、深度學習
機器人、人型機器人、原子小金剛
AI
機器學習
深度學習
機器人
人型機器人
原子小金剛
邁向第三次人工智慧浪潮
誕生獨立運作的人型機器人

定任務。學習時主要由人類定義特徵（著眼處）

- 深度學習是一種機器學習，從模仿人腦神經細胞（neuro）的學習法發展而來。主要由機器自動定義特徵（著眼處）

這些定義是必背重點，還請牢記。此外，這裡的**「特徵」，類似「著眼處」**。例如，假設有個題目，要用影像辨識來區分「赤鬼」與「青鬼」。過往的機器學習，必須由人類告訴機器，區分「赤鬼」與「青鬼」要著眼於「顏色」，才能提升精準度。而我們只要給深度學習多張「赤鬼」與「青鬼」的照片，它就能自行學到區分時的「著眼處」在於「顏色」。

另外補充一點，除深度學習外的現代機器學習方式（尤其是預測型），也能自行找出「特徵」。

圖表3-4　AI、機器學習、深度學習的定義

何謂AI	是能實作出同等人類智慧的技術
何謂機器學習	是經過學習就能執行特定任務的AI。學習時主要由人類定義特徵（著眼處）
何謂深度學習	是一種機器學習，從模仿人腦神經細胞（neuro）的學習法發展而來。主要由機器自動定義特徵（著眼處）

掌握AI歷史

AI一詞存在已久，首見於一九五〇年代。AI概念誕生之初，是個只能打遊戲、拼拼圖、走迷宮程度的電腦。這就是第一次AI浪潮。

到一九八〇年代，目標轉向開發專家系統，希望將專家知識通通教給AI，這是所謂的第二次AI浪潮。但因為無法處理例外狀況，難以實用化，故並未受到矚目，AI也從此時進入寒冬期。

第二次AI浪潮努力未果的理由，在於必須將包含例外的各種資訊全部輸入AI。有鑑於此，**機器學習便以「AI自行學習」的概念問世了**。機器學習一定數量的資料後，就能提升解答

精準度，無須人類輸入包含例外的所有資料。

到二〇〇〇年代，因為機器的運算速度與性能提升，讓機器學習得以陸續實用化。但當時的機器學習，大部分都還需要人類輔助，屬於先由人類定義特徵，並依照給予資料學習的類型。

掀起二〇〇〇年代第三次ＡＩ浪潮的是其中一種機器學習方法，稱為深度學習。

以影像辨識舉例大家應更能理解。過往的機器學習，大多需要由人類定義特徵，相對於此，運用**深度學習**，**機器能自行標注特徵**，**無須人類協助定義**，**並藉由自行學習大幅提升精準度**。

由於深度學習運作需要長時間處理大量資料，在二〇〇〇年代之初，被認為不具實用性。但在二〇一六年以後，由於**各方相繼投入大數據**（Big Data）**領域**，**以及機器運算速度性能顯著提升**，不僅保障了大量學習資料來源，也縮短了學習時間。能實踐活用於不同面向的深度學習，讓第三次ＡＩ浪潮更加火熱，成為影響廣泛的社會現象（圖表3-5）。

圖表3-5　為什麼會發生第三次AI浪潮

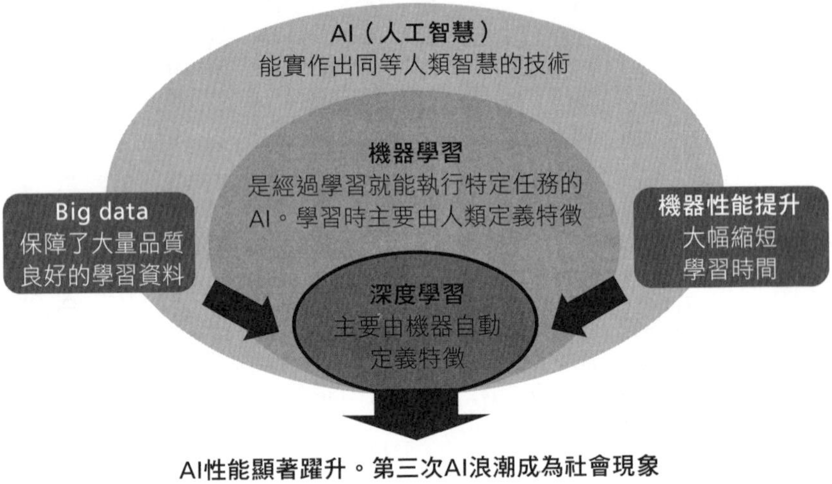
AI（人工智慧）
能實作出同等人類智慧的技術
機器學習
是經過學習就能執行特定任務的AI。學習時主要由人類定義特徵
Big data
保障了大量品質良好的學習資料
機器性能提升
大幅縮短學習時間
深度學習
主要由機器自動定義特徵
AI性能顯著躍升。第三次AI浪潮成為社會現象

深度學習以三大特點，提升AI能力並擴大AI應用範圍。第一點是「圖片、影片辨識力」，第二點是「自然語言、對話控制力」，第三點是「物體控制力」（圖表3-6）。

「圖片、影片辨識力」「自然語言、對話控制力」「物體控制力」，都是過去機器學習方式難以克服的領域，深度學習開展了這些領域的新局面。這三項能力讓AI更有機會取代部分眼、耳、口、身體。

- 「圖片、影片辨識力」取代眼

圖表3-6　深度學習擴大了AI擅長、能力範圍

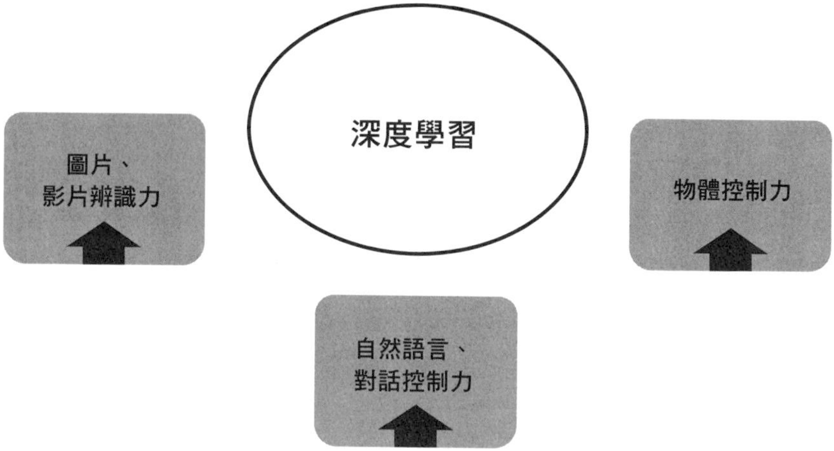

- 「自然語言、對話控制力」取代耳、口
- 「物體控制力」取代身體

現在的ＡＩ以機器學習為主，而機器學習中的深度學習，更是拓展ＡＩ整體可能性的明日之星。

三種學習方式——監督式／非監督式／強化學習

如前述，包含深度學習，機器學習是經過「學習」後，能執行特定任務的ＡＩ。而這個**「讓ＡＩ學習」**的方式能分成以下三種（圖表3-7）。

①監督式學習
②非監督式學習
③強化學習

請記住監督式學習是「有解答」學習

監督式學習讓ＡＩ從有解答（對／錯等）的資料學習。

大家記住**監督式學習是「有解答」的學習方法**即可。

以下具體說明監督式學習（有解答學習）方法。

例如，運用深度學習訓練ＡＩ辨識汽車照片。

圖表3-7 【必背】依學習方式差異分類

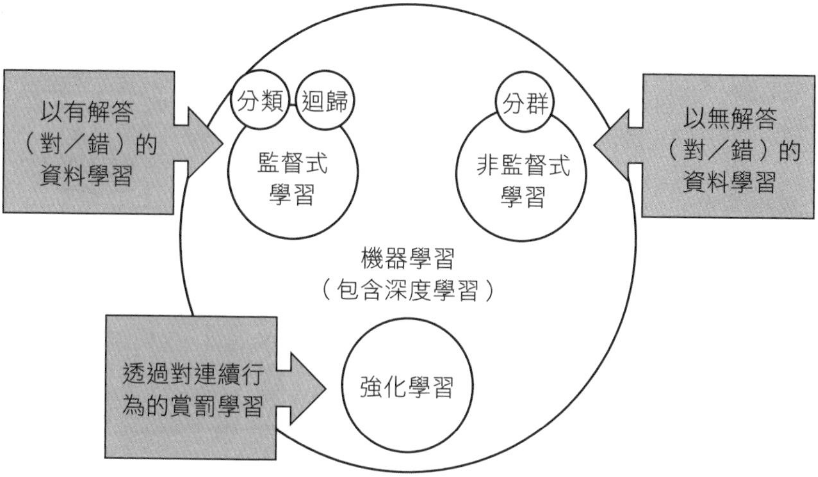

（資料來源）根據https://www.techleer.com/articles/203-machine-learning-algorithm-backbone-of-emerging-technologies/製作而成

- 豐田汽車的照片
- 福特汽車的照片
- 奧迪汽車的照片

首先，盡可能多蒐集這三個品牌的汽車照片，將豐田汽車的照片放在第一個資料夾，福特汽車的照片放在第二個資料夾，奧迪汽車的照片放在第三個資料夾，分開整理儲存照片，讓這些照片是「有解答」的狀態。

讓AI學習這些事先整理好、已知解答資料的方式，就是監督式學習（有解答的學習）（圖表3-8）。

圖表3-8　監督式學習

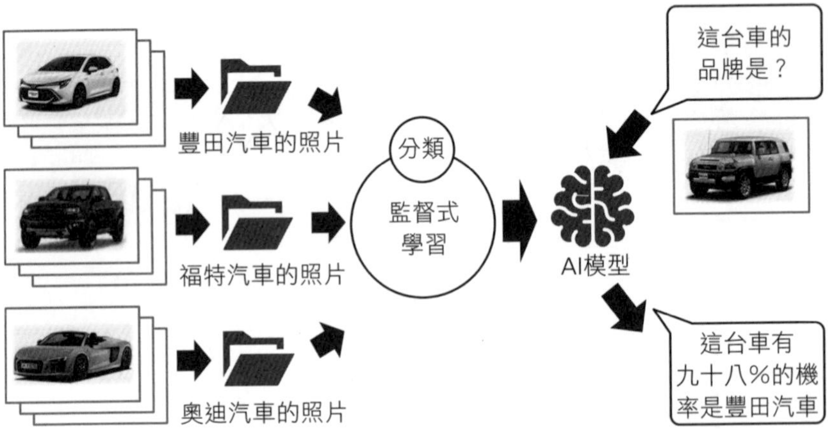
豐田汽車的照片
福特汽車的照片
奧迪汽車的照片
分類
監督式
學習
AI模型
這台車的
品牌是？
這台車有
九十八%的機
率是豐田汽車

學習後所完成的ＡＩ模型[1]（學習後擁有規律性的東西），就能讀取陌生照片判斷汽車品牌。

就此例而言，ＡＩ能判斷汽車屬於豐田、福特、奧迪，或是其他品牌。

監督式學習中進一步分有「分類」「迴歸」兩類。就像圖表3-8的例子，判斷屬於哪個解答（選項），稱為「分類」。例如：

- 判斷汽車圖片是三十家廠商中的哪一家
- 從人的照片判斷年齡屬於哪個世代
- 在電商網站，判斷某人會買／不會買

而「迴歸」則是推測數值，並非推測屬於哪個選項。例如：

- 根據汽車照片推測行駛距離
- 根據人的照片推測年齡
- 推測電商網站下個月的銷售額

請記住非監督式學習是「無解答」學習

前面請大家記住監督式學習是有解答學習，相反的，非監督式學習就是「無解答」學習。相信大家早已想到，**非監督式學習是讓AI從沒有解答（對／錯等）的資料學習**。

例如，備好數張未分類的汽車照片，也就是沒有解答的資料，讓AI學習。接著詢問已完成的AI模型「若分成三類會有怎樣的集合？」，AI模型就會回覆「能分成這些集合」（圖表3-9）。

1由AI簡化呈現部分現象。將現象架構以數學模型表示。

圖表3-9　非監督式學習

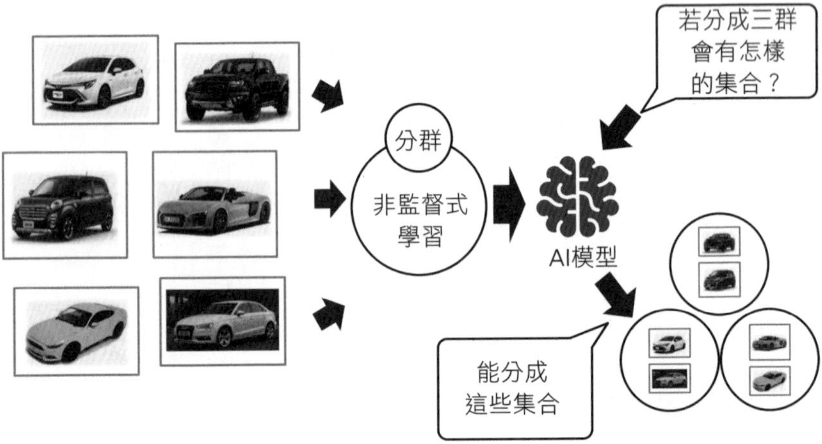

例如，可能從汽車顏色特徵得出三個集合，或是從ＳＵＶ與輕型車等車輛形狀特徵，得出三個集合。ＡＩ不會告訴我們集合所代表的意義，因為這些只不過是機器自行解讀出的集合，而**ＡＩ透過自行解讀建立集合，稱為「分群（Clustering）」**。

因為非監督式學習不會以文字說明是從哪個角度進行分群，有時候會難以解讀。大家在初學使用機器學習時，建議從監督式學習入門，盡量從「能備好有解答資料」的狀態開始。

圖表3-10　監督式學習與強化學習

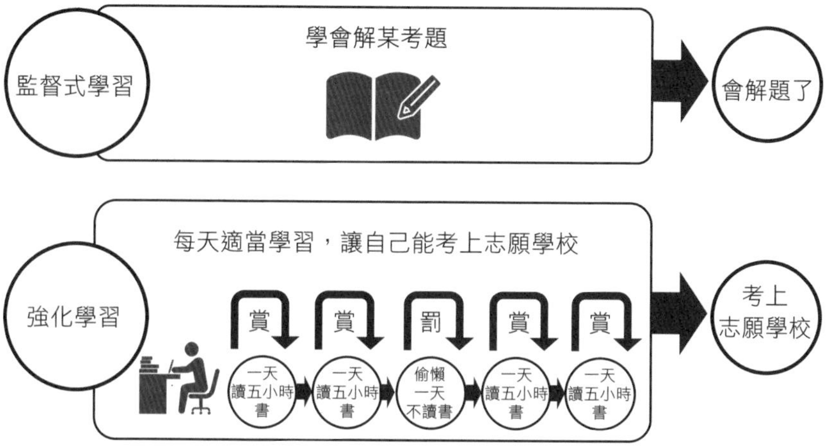

強化學習是「為了讓AI重複做出好選擇」的學習

強化學習類似監督式學習，也是讓AI從「有解答」的資料學習，但學的東西不同。監督式學習是讓AI學會單一且簡單就能判斷的「解答」，但強化學習則是讓AI學會如何重複做出好選擇。換言之，強化學習是透過數個選項排列組合，引導AI得出整體「解答」（理想的結果）的學習方法（圖表3-10）。

強化學習以理想結果為目標，不斷重複做出適當選擇，藉由賞罰機制訓練AI，最後得到最佳狀態。

這樣比喻應該會比較好理解：

「學會解某考題」是監督式學習，

圖表3-11　監督式學習與強化學習

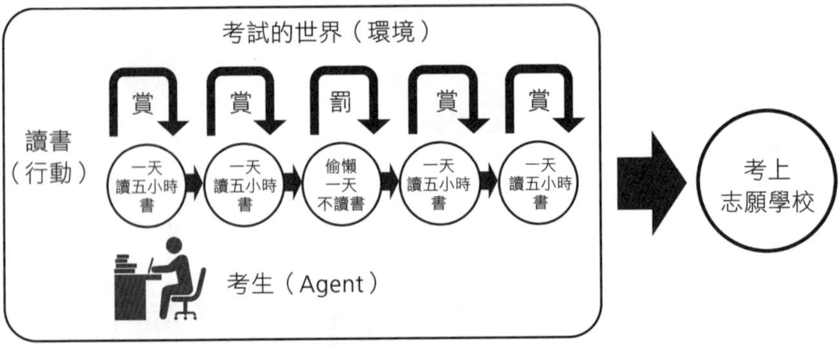

Agent會因為選擇行動並從環境獲得報酬。
強化學習透過一連串的行動，學到如何獲得最多報酬的行動策略

「每天適當學習，讓自己能考上志願學校」是強化學習。

在強化學習中有「Agent（代理人）」「行動」「環境」的概念。

「Agent」會因為「選擇行動」從「環境」獲得報酬。

這樣講或許太理論，若換以「考上志願學校」為理想結果，就會變成圖表3-11。

「考生（Agent）」會因為「照進度讀書（選擇行動）」從「考試的世界（環境）」獲得越來越可能考上的報酬。

從考試的世界（環境）獲得正向報酬，也就是增加考試實力，朝考上志願學校的目標邁進。強化學習就是這樣最大化

接近理想結果的可能性。

此外，若行動時沒有做出適當選擇，**則會給予懲罰，就會離理想結果越來越遠**。

目前採用強化學習方法的主題如下：

- 自動駕駛
- 機器人控制
- 圍棋、將棋等ＡＩ

ＡＩ活用４×２＝８型

依功能分有「辨識型」「預測型」「對話型」「執行型」四種

前面學到第一種ＡＩ分類是「ＡＩ、機器學習、深度學習三大類」，第二種是「三種學習方式」。接著介紹的是第三種ＡＩ分類：「ＡＩ活用八型」。ＡＩ依功能可分為四種，依角色可分為二種，即為**四種功能×二種角色＝ＡＩ活用八型**。

先將ＡＩ依功能分成四種。類比人腦功能將種類整理如下：

①**辨識型ＡＩ**「看見後辨識」
②**預測型ＡＩ**「思考後預測」
③**對話型ＡＩ**「對話交談」
④**執行型ＡＩ**「讓身體（物體）動起來」

人腦由不同部位組合而成，包含頂葉、顳葉、額葉、枕葉、小腦與腦幹等，控制著人類各種身體機能。它們的功能可概略分為「看見後辨識」「思考後預測」「對話交談」「活動身體（物體）」四種。如同ＡＩ是從模仿人腦各種功能發展而來，ＡＩ分類也與人腦一樣分成四種（圖表3-12）。

依角色分為「替代類」和「擴展類」

從ＡＩ與人類的分工型態，還能將ＡＩ分成兩大類：「替代類」和「擴展類」（圖表3-13）。

①**替代類**：ＡＩ代替人類執行人類原本能做到的事

②**擴展類**：透過ＡＩ，以前人類做不到的事現在做得到了。

將四種功能「辨識型ＡＩ」「預測型ＡＩ」「對話型ＡＩ」「執行型ＡＩ」置於橫列，兩類角色「替代類」「擴展類」置於直行，就構成如圖表3-14的4×2＝8格表格。

像這樣就能將ＡＩ活用分成4×2＝8型。

這裡稍作補充，將兩類角色對照前面介紹過的「ＡＩ分工型態」後如下所示：

①屬於替代型的有：

- 「Ｔ型」：ＡＩ輔助人的工作
- 「倒Ｔ型」：人輔助ＡＩ工作

圖表3-12　AI依功能分成四種

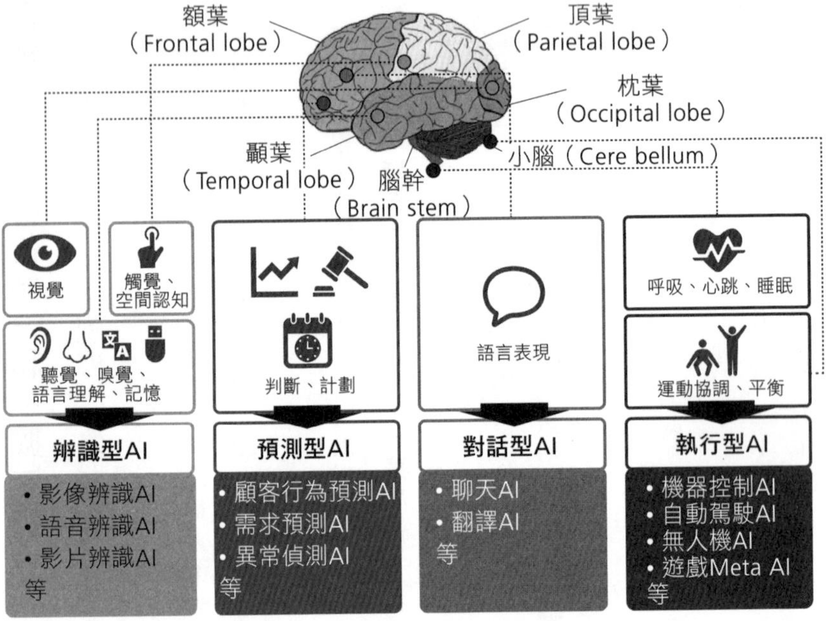

AI也像人腦分有不同功能

•「I型」：AI完全取代人的工作

②屬於擴展型的有：

•「O型」：AI擴展人的能力範圍

圖表3-13　AI依角色分成兩類

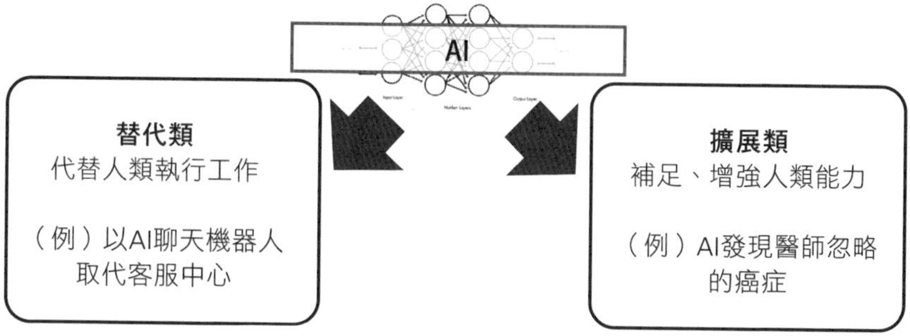
AI
替代類
代替人類執行工作
（例）以AI聊天機器人取代客服中心
擴展類
補足、增強人類能力
（例）AI發現醫師忽略的癌症

與人類的互動方式分成兩類

圖表3-14　AI活用八型

	辨識型AI	預測型AI	對話型AI	執行型AI
替代類	根據大量資訊自動辨識 • 二十四小時檢視NG圖片／文字 • 分辨不良品 等	從大量紀錄檢測出異常值 • 異常值檢測	二十四小時代替人類對話溝通 • 聊天機器人 • AI語音	取代人類工作 • 自動駕駛 • 取代產線工作 • 取代資料輸入
擴展類	發現人無法區辨的現象 • 醫學影像診斷 • 影片擷取 等	根據Big Data進行高精準度預測 • 顧客行為預測 • 需求預測 等	專業對談、支援多語言 • 取代專家 • 透過對談分析情緒 • 多語言對談	控制自主型設備運作 • 以AI控制無人飛機 • 控制自主型機械

「辨識型」ＡＩ要這樣用

辨識型×替代類ＡＩ活用範例

辨識型ＡＩ是「看見後辨識」的ＡＩ。「辨識型×替代類ＡＩ」組合了辨識型ＡＩ，以及取代人類執行工作的替代型ＡＩ，負責過往皆由**人類執行的純操作性工作**，例如：

- 二十四小時檢視ＮＧ圖片
- 分辨不良品
- 主題公園入園臉部辨識
- 無人商店商品拿取偵測
- 從高壓電纜影像偵測狀態

這些都是過往透過人眼辨識、人手操作的工作。尤其是ＮＧ圖片、不良品這種偵測異常的工作，過去需要大量人力，但「辨識型×替代類ＡＩ」能完全取代，或是承接主要工作內容。相信未來由ＡＩ處理大部分工作，最後再由人類檢查的分工型態會更常見。

除了異常偵測，像是ＡＩ負責處理收銀、偵測特定商品取用、主題公園的入園管理等，由ＡＩ執行無人購物、入場手續的例子也變多了。

Amazon的無人商店——Amazon GO，就是一個著名ＡＩ無人商店範例。Amazon GO使用的是已充分訓練的辨識型ＡＩ，就算多人同時伸手交錯拿取不同商品，也能正確辨識。

另外，雖然人類也能從高壓電纜這類設備的圖片，偵測異常、劣化等狀態，但由人類執行檢查工作，不僅處理數量受限，檢查誤差也大，現在都換成「辨識型×替代類ＡＩ」了。

辨識型×擴展類ＡＩ活用範例

「辨識型×擴展類ＡＩ」主要是一邊「看」，一邊執行下列**人類做不到的工作**。

- 提升臨床檢查精準度

•從大量影片中自動擷取資訊

「辨識型×擴展類ＡＩ」常應用於臨床醫療。著名案例是能早期發現癌症的ＡＩ，比醫生更能正確檢測出癌症。ＡＩ在內視鏡檢查，已更能找出大腸癌病兆；ＡＩ也能從檢查影像精準診斷出胃癌與皮膚癌。運用這些ＡＩ，不僅能避免漏看病徵，還能彌補醫檢師的不足。

至於「從大量影片中自動擷取資訊」的具體範例，則是應用於職業運動賽事影片的ＡＩ。ＡＩ能辨識特定選手，不錯過任何關鍵打擊，並建立影片資料庫。ＡＩ能掌握包含二軍選手全球團的選手資訊，從所有影片偵測並比對，判斷影片中所有人的比賽狀態，這已超出一般人類能力範圍。可能還是有天賦異稟的人做得到一樣的事，但對一般人而言，可說是難以正確完成的工作。

像是應用於前述需要高度專業的臨床醫療，提升診斷精準度，或是從大量資訊中偵測與比對等，「辨識型×擴展類ＡＩ」能完成**一般人在正常狀態下辦不到的工作**。

「預測型ＡＩ」要這樣用

預測型×替代類ＡＩ活用範例

預測型ＡＩ是「思考後預測」的ＡＩ。「預測型×替代類ＡＩ」是由ＡＩ代替人類，**根據資料預測未來發展，並做出判斷**。具體運用範例有：

- 貸款審查（預測融資後的交易狀況）
- 網路監視
- 根據發電廠資料偵測異常值

「預測型×替代類ＡＩ」能應用於多種產業。像是代替人類審查貸款就是個明顯的例子。由ＡＩ取代放款人員，根據申請者、企業的交易狀態與其他資訊，判斷是否放款，包括房屋貸款、金融貸款、企業融資等。預測放款後借款人確實還款的機率，或是判斷融資後企業是否會拖延還款等，這些工作在過去皆由人類根據資料與經驗進行判斷，耗費的人力與時間都是待解課題，而現在都能交由ＡＩ自動審查。

另一個案例是電信公司自動監視通訊網路狀況。在日本，若電信公司的連線速度變慢，甚至斷線狀態持續一小時以上，就會被國家認定為重大事故。因此，需要包含深夜，二十四小時滴水不漏地監視。過去皆由人類負責監視電信網路中成千上萬的伺服器，現在也能交由ＡＩ準確偵測狀態，將過去辛苦的工作交由ＡＩ代替執行。

在偵測發電廠供電異常的案例裡，原本需要根據資料監測異常的工作，也換由ＡＩ二十四小時監視執行。

預測型×擴展類ＡＩ活用範例

活用「預測型×擴展類ＡＩ」，人類就能精準預測過去無法推測掌握的複雜事物。在預測型×替代類ＡＩ介紹過的例子，都是只要人類花時間，就能有一定預測精準度的案例。而「預測型×擴展類ＡＩ」則**能夠高精準地預測人類無法正確預測的事物**。具體範例有：

- 顧客行為預測
- 需求預測
- 制定最佳售價
- 客服中心的來電量預測
- 離職者預測

顧客的行動總是難以捉摸，他們擁有各自的價值觀，每位顧客的情況也大不相同，外顯行為也充滿多樣性。就算想「預測瀏覽電商網站的顧客，何時會購買什麼商品」，也因為顧客偏好過於多樣，我們根本無法對眾多顧客精準預測。

另一方面，**ＡＩ擅長根據多樣且複雜的輸入，產出準確預測**。尤其是網站與手機ＡＰＰ，會細分顧客行為並建立資料，就能讓ＡＩ學習電商網站瀏覽者過去的行為傾向後，精準預測一個月後會消費的顧客，或是會購買哪項商品。

此外，「何時會有多少顧客造訪？」「何時會賣出多少？」**這類稱為「需求預測」的主題，也是ＡＩ擅長的項目**。ＡＩ能根據過往實際銷售資料、天氣資料、國定假日資料、相關活動資料等，以日、週、有時是以月為單位，預測來客數與銷售額，其預測精準度比人類還高。若使用ＡＩ預測超市與複合商場的來客數，或是預測特定商品的銷售額，就能夠適當調派人力，或是重新擬定宣傳活動企劃、調整商品最佳採購量。

若能預測「會有多少人購買」，**就能訂出最佳售價**。動態訂價（dynamic pricing）是ＡＩ針對個別商品，計算在哪個時期、以多少價格，能銷售一空，或是計算能最大化收益的價格。若能得知「誰會以多少價格購買」，甚至還能針對個別顧客動態訂價。

客服中心的來電數（話務量、諮詢數）預測也是類似需求預測的例子。若能精準預測客服中心來電數，就能對每天所需人員進行最佳配置，不僅節省人事費，也方便員工安排假期。

不只是客服中心，還有預測離職者的案例。針對離職率高的領域，盡可能事先掌握員工離職徵兆，提供支援與關懷，就能提高留職率。預測離職者所需的趨勢資料隨職種而異，包含出缺勤變化、談話內容的用字傾向、面試時的應對內容等。

「對話型ＡＩ」要這樣用

對話型×替代類ＡＩ活用範例

對話型ＡＩ是能「對談」的ＡＩ。「對話型×替代類ＡＩ」執行的是「**一直以來由人類透過對話執行的工作**」，運用範例有：

- 設施內部對話式導覽
- 語音訂單應對
- 使用聊天機器人、語音通話，執行客服中心工作
- 公司內線轉接
- 將語音對話轉換成文字與摘要內容

過去皆由人力執行車站、商店等設施內的導覽工作，最近多**交由ＡＩ處理**。日本Softbank的Pepper，以及JR東日本的導覽ＡＩ——Sakura，都是實際案例。目前ＡＩ應用於導覽工作頗有成效，未來可望推廣至訂單業務的語音應

對。

而在企業內部的客服中心，原本由人工執行的電話與郵件應對，交由AI聊天機器人，以及AI控制語音處理的例子漸增。雖然客服中心裡的對話型AI還無法負責所有客服工作，但已**有能力代替人類執行接線工作與簡單對話**。從客服中心與導覽工作所有歷史對話資料中，擷取合適內容回應，也是AI的長項。

首先，辨識顧客諮詢內容的語音，數位化後再根據諮詢資料中所含文句或關鍵字，**從歷史資料挑出近似諮詢，並針對這個詢問，列出合適的回應候選清單**。產生回應候選清單後，分成兩種情況：一種是由人類從清單挑選最後的回應內容；另一種是AI自行判斷、選出回應內容並朗讀。

此外，公司內線轉接也能應用對話型×替代類AI。根據來電語音，辨識出要找的對象，再轉接給正確的人。

AI也能將來自各種對話情境的**語音資料，自動轉成文字**儲存。由於日文語音轉文字的精準度還稱不上完美，最後仍須人工校正。但我認為，就算精準度只達某個程度，由AI執行大量語音轉文字工作的需求還是很大。另外也有AI會根據語音轉文字的原始資料，編寫文章重點摘要。

對話型×擴展類AI活用範例

「對話型×擴展類AI」能執行現階段人類還做不到的對話相關工作，運用範例有：

- 取代專家
- 從對話分析情緒
- 多語言對談

例如，由AI進行醫師、律師、會計師等**高度專業領域問答**。最明顯的例子，是AI代替醫生對病患進行初次問診，AI能完整重現只有專家才做得到的問答。

此外，從語音與文章類比分析顧客的情緒，也是對話型AI運用範例之一。雖然人類在某種程度上也能掌握顧客的情緒，但若是從**大量字串資料掌握情緒波動**的情境，則是AI的精準度較佳。

AI也擅長多語言對談工作，英文到日文、中文到英文、韓文到法文、德文到泰文等，AI能翻譯的對話種類，幾乎包含所有語言組合。

如上述提及的例子，「對話型×擴展類ＡＩ」就是在「**對話**」**這個主題下，將一般人類的「不能」變為「能」的ＡＩ。**

「執行型ＡＩ」要這樣用

執行型×替代類ＡＩ活用範例

執行型ＡＩ是用來讓「身體（物體）動起來」的ＡＩ，也是由前面所提辨識型ＡＩ、預測型ＡＩ、對話型ＡＩ的各種要素組合而成的ＡＩ類型。過去由人類操作事物運作的行為，現在能交由「執行型×替代類ＡＩ」替我們執行。

- 自動駕駛
- 產線作業

- 倉儲作業
- 資料輸入
- 機器人店面導覽

例如，過往皆由人類負責開車，但現在AI自動駕駛卻快速朝向實用化發展。從家用車到計程車、公車、運輸卡車，或許未來我們真能迎來完全自動駕駛的一天。即便不是完全自動駕駛，從輔助駕駛，讓開車更加安全舒適這一步出發，AI活用範圍一定會更加廣闊。

工廠內的人力勞務，也漸漸替換成「執行型×替代類AI」。以前的工廠機器人會依照規則，執行簡單勞務，若搭載AI，可大幅增加執行勞務範圍。因為搭載AI能提升機器人靈活度，學到更複雜的動作。過去大多透過程式設計撰寫規則定義，來控制工業機器人，現以強化學習，對操作結果給予報酬與懲罰，就能改善操控性能。

倉庫內大部分的分撿與搬運工作，過去也都由人類執行。在Amazon與中國先進IT企業，已經開始將倉儲作業轉交AI執行。內建AI的小型搬運機器人與人類合作，不僅提升搬運效率，也大幅減少所需人員數量。

名為ＲＰＡ（Robotic Process Automation，機器人流程自動化）的自動化領域也持續發展。ＲＰＡ讓機器學習各種模式後，代替人類執行一些單純電腦操作與資料輸入。目前的ＲＰＡ工具大多是記憶規則的類型，預期未來ＡＩ在機器端自行判斷的範圍也會更廣，想必ＡＩ也能與人類一樣，根據一定程度的條件做出判斷吧。

而在日本，已有著名Softbank Pepper的例子，運用機器人進行店面導覽早已眾所皆知，相當普遍了。

執行型×擴展類ＡＩ活用範例

在「**身體（物體）動起來**」領域中，**人類過去做不到的工作**，就可以交給「執行型×擴展類ＡＩ」。

- 以ＡＩ擴展無人機的應用範圍
- 控制自主型機械裝置

搭載於無人機上的ＡＩ是「執行型×擴展類ＡＩ」的典型例子，辨識型的ＡＩ能感測週遭狀況，讓飛行更加安全，也能即時判別無人機拍下的照片與影片，用以預測並判斷自己的最佳行動。

此外，操控自主型機械裝置也少不了ＡＩ。為了讓人型機械裝置（機器人）具備眼、口、預測所需知識，以及身體控制功能，需要各種ＡＩ。能搬運人類搬不動的重物、更快速移動的自主型機械裝置，未來也可望大量生產。

按出現頻率背誦基礎ＡＩ用語

依序背誦文科必備ＡＩ用語

讓我們把成為文科ＡＩ人才必備的基礎ＡＩ用語通通背起來吧。其中有些陌生詞彙，但這些都是根據在ＡＩ專案中出現頻率精選而出的用語，還請牢記。前述章節中的重要用語也會在此一併解說。

按出現頻率挑出的ＡＩ用語：

學習和預測／監督式學習和非監督式學習／目標變數和解釋變數／演算法／過度配適／標注／時間序列模型／資料前處理／ＰｏＣ／類神經網路／準確率、召回率、精確率／ＡＵＣ

用語① 學習與預測

「學習」和「預測」這兩個詞彙在ＡＩ世界裡相當重要。

圖表3-15　學習與預測

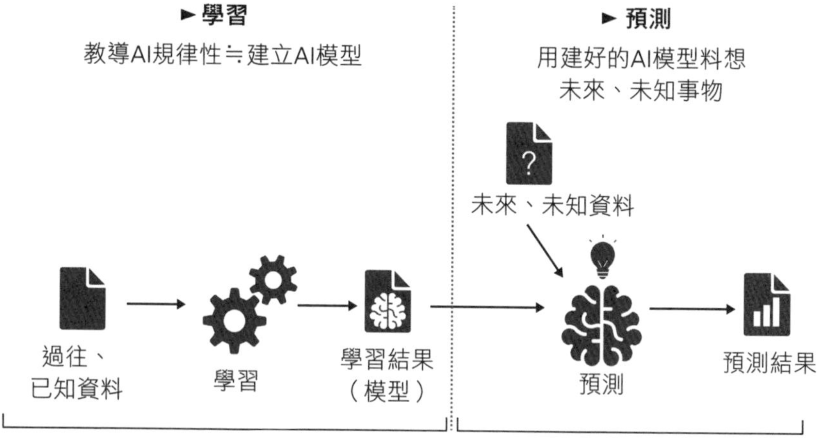
►學習
教導AI規律性≒建立AI模型
►預測
用建好的AI模型料想
未來、未知事物
未來、未知資料
過往、
已知資料
學習
學習結果
（模型）
預測
預測結果

- 「學習」意指教導AI規律性
- 「預測」意指以建好的AI模型料想未來、未知事物

給AI資料，讓AI找出規律性，稱為「學習」，也稱為「建立AI模型」。「預測」也可稱為「推論」。

「建立AI」是「讓AI學習（訓練AI）」，「運用AI」是讓「AI預測」（圖表3-15）。

用語②　監督式學習與非監督式學習

「學習」以有無解答分類。

圖表3-16　監督式學習與非監督式學習

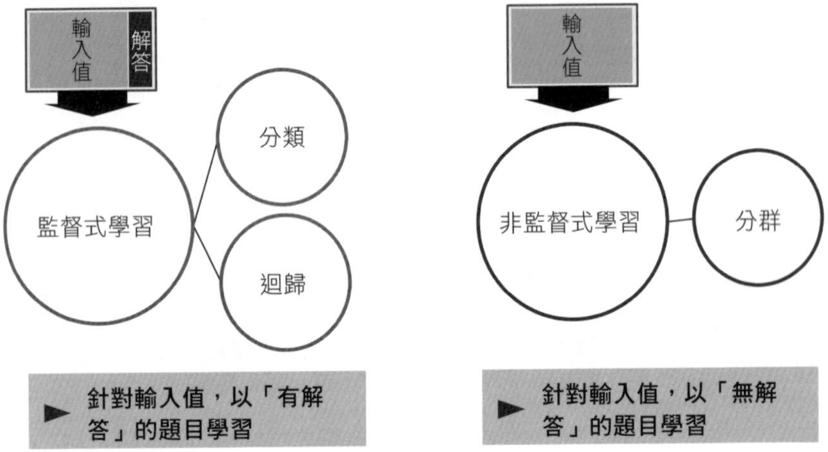

例：用已知是貓是狗的相片集學習

例：用未知動物的相片集學習

- 監督式學習以「有解答」的題目學習
- 非監督式學習以「無解答」的題目學習

監督式學習主要有「分類」和「迴歸」兩種。「分類」的學習重點是「屬於哪個既定類別？」；「迴歸」的學習重點則是數值，例如某日銷售額、販賣數量等值。

非監督式學習主要是「分群（Clustering）」，意指ＡＩ根據自己的理解建立集合（圖表3-16）。

圖表3-17　目標變數與解釋變數

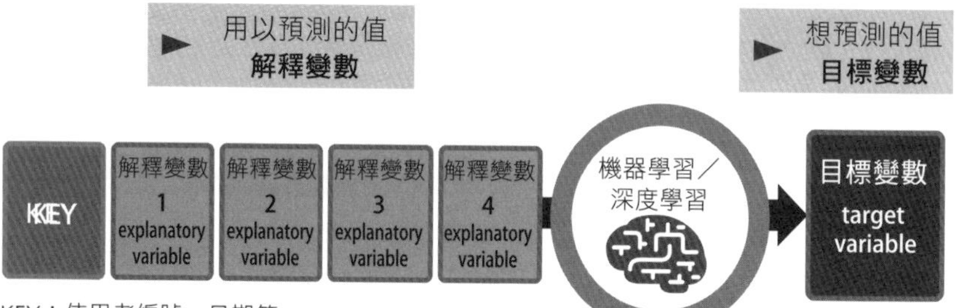
用以預測的值
解釋變數
想預測的值
目標變數
KEY
解釋變數 1 explanatory variable
解釋變數 2 explanatory variable
解釋變數 3 explanatory variable
解釋變數 4 explanatory variable
機器學習／深度學習
目標變數 target variable

KEY：使用者編號、日期等

用語③　目標變數與解釋變數

「目標變數（target variable）」與「解釋變數（explanatory variable）」這兩大類的資料，主要出現在預測型ＡＩ所用的學習資料中。

- 「目標變數」是我們想預測的值
- 「解釋變數」是預測時需要的值

例如，預測某人是否會購物的值為「目標變數」，為了預測是否會購物，所需的值（歷史購物紀錄、行動紀錄等）就是「解釋變數」（圖表3-17）。

用語④　演算法

演算法（algorithm）意指ＡＩ學習時所用手

圖表3-18　常用演算法

► AI的學習手法，包含達成最佳學習所需的步驟與方法論

機器學習	深度學習
機器學習（監督式學習） • **線性迴歸**（linear regression）：以直線假設資料散布規則，學習直線後，用以預測數值 • **羅吉斯迴歸**（logistic regression）：線性迴歸預測數值，而羅吉斯迴歸則預測發生機率（介於0～1的值） • **支援向量機**（support vector machine，SVM）：邊界（margin）最大化，意即最大化位於區別界線附近資料彼此的距離，避免誤判。資料量少也能正確分類 • **決策樹**（decision tree）：將資料分成數層，建立樹狀分支架構的手法 • **隨機森林**（random forests）：決策樹的集合。隨機建構多棵決策樹後，綜合結果。因為聚集了多棵樹所以稱為森林 **機器學習（非監督式學習）** • **分群**（clustering）：學習如何建立相似事物的集合	**類神經網路（neural network，NN）** • **CNN**（convolutional neural network，卷積類神經網路）：擅長影像辨識 • **RNN**（recurrent neural network，循環神經網路）：擅長處理聲波、影片、文章等時間序列資料 • **LSTM**（long short term memory network，長短期記憶網路）：改善RNN缺點，是能學習長期時間序列資料的模型。擅長處理自然語言 • **GAN**（generative adversarial network，生成對抗網路）：產生訓練用影像的模型。類似模型有VAE（variational autoencoder，變分自編碼器） • **DQN**（deep Q network，深度Q網路）：以深度學習進行強化學習 • **ResNet**（residual network，殘差網路）：讓非常深的網路也能達成高精準度學習

不用全背，只要大略記得擅長、不擅長的部分就OK。

圖表3-19　過度配適

▶ 對已知資料過度最佳化後，對未知資料完全無法推論的狀態

避免陷入只會死背問答組合，能將事物抽象化，抓到重點才是好的模型

法，包含達成最佳學習所需的步驟與方法論。換句話說，演算法就是「**學習步驟與方法論的套組**」。

演算法有擅長、不擅長建立的AI。例如，影像辨識適合用CNN；辨識影片、文章等具連續性的資料則適合用RNN，不同主題各自有慣用的演算法。

演算法中，深度學習的手法多樣，深度學習以外的機器學習手法也不少（圖表3-18）。

用語⑤　過度配適

過度配適（overfitting）是對**已知資料過度最佳化後，對未知資料完全無法推論的狀態**。若學習資料分布極度不均，或

圖表3-20　標注

►「標注」意指賦予資料意義，是為了訓練AI，製作「有解答資料的過程」

圖片、影片

- 區分圖片是貓是狗（圖片分類）、替照片中物品位置標上標籤（物體偵測）

文字

- 將文章的段落與句子依照主題標上標籤，或是定義文章類別
- 以及定義單詞涵義與類別，或是定義單詞之間的關聯性
- 也需要訓練AI瞭解對話旨意

語音

- 準備有解答的資料，讓AI能學習辨識是否為同一人的聲音
- 檢查語音轉文字正確性

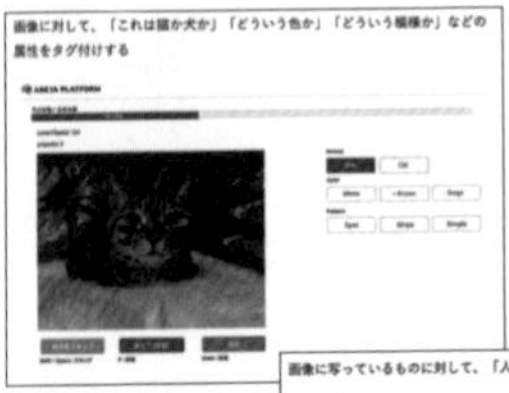

圖片分類

物體偵測

是數量過少，所建出的模型常會發生過度配適。

我們可以增加資料筆數改善資料不均，或是多嘗試以不同模式，切分訓練資料與驗證資料，再取平均結果，以避免發生過度配適（圖表3-19）。

用語⑥　標注

為了**訓練AI，製作「有解答資料的過程」**稱為標注（annotation）。依不同用途，準備**圖片、影片、文字、語音**等的正

圖表3-21　時間序列模型

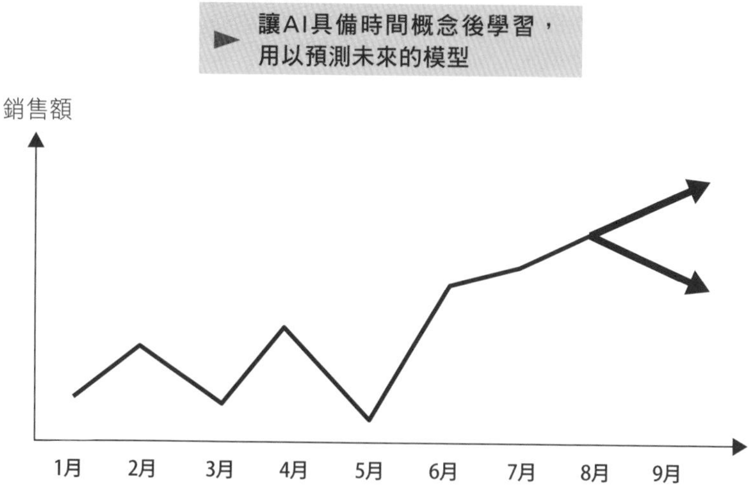
讓AI具備時間概念後學習，
用以預測未來的模型
銷售額
1月
2月
3月
4月
5月
6月
7月
8月
9月

確解答。以圖片為例，要準備的資料就是「圖片中有什麼東西？」，或是當圖片包含數種物品時，準備「圖片中哪個位置有什麼東西？」。影片則以場景為單位標注。文字則分別對文章整體、段落、句子、單詞的標上標籤區分內容。語音則是記錄「是否為同一人的聲音？」「是否為某種特定聲音？」等（圖表3-20）。

用語⑦　時間序列模型

在AI模型中，時間序列模型是「**讓AI具備時間概念後學習，用以預測未來」的模型**。

圖表3-22　資料前處理

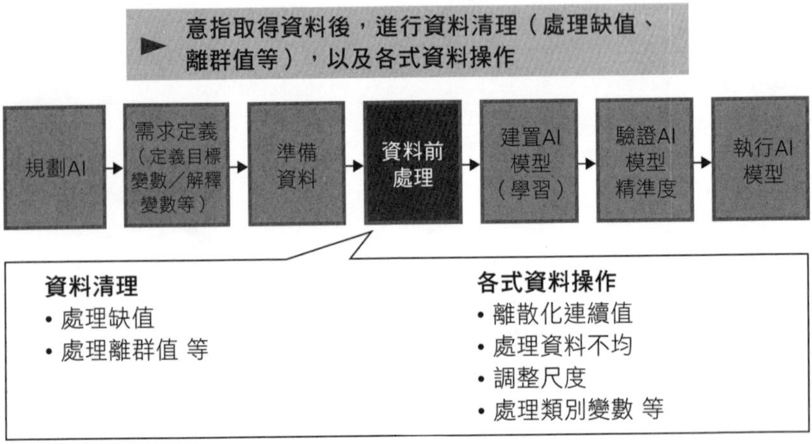
意指取得資料後，進行資料清理（處理缺值、
離群值等），以及各式資料操作
規劃AI
需求定義（定義目標變數／解釋變數等）
準備資料
資料前處理
建置AI模型（學習）
驗證AI模型精準度
執行AI模型
資料清理
• 處理缺值
• 處理離群值 等
各式資料操作
• 離散化連續值
• 處理資料不均
• 調整尺度
• 處理類別變數 等

像是預測「一個月後哪個商品能賣出多少？」等，從過去連續發生的實際表現、其他事件，預測未來（圖表3-21）。

用語⑧　資料前處理

資料前處理就是**進行「資料清理（data cleaning）」與「各式資料操作」**。資料清理包含「處理缺值（缺少部分資料的狀態）」「處理離群值（值極端過高或過低的狀態）」等。資料清理能避免AI錯誤學習。

而「各式資料操作」是為了讓AI更容易掌握資料特徵，對資料所做的各種處理。例如，解釋變數A和解釋變數

圖表3-23　PoC

PoC（Proof of Concept，概念驗證）意指實地驗證AI

PoC是一個在AI模型開發界中常用的概念，是運用自有資料集，事先證明能否如願建置AI的步驟。完成PoC後，就能正式規劃如何實作、運作用於第一線的AI模型。

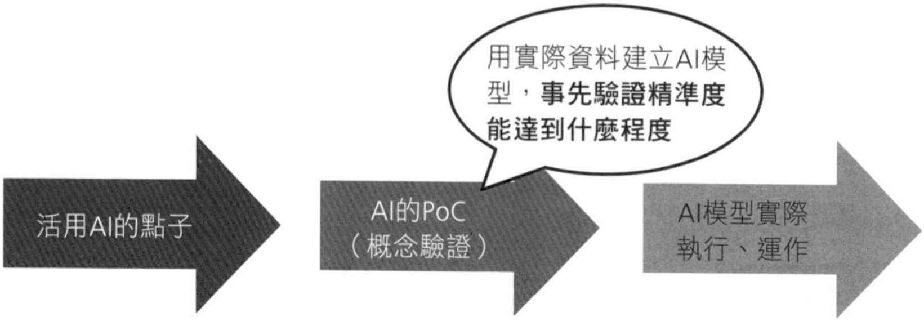
用實際資料建立AI模型，事先驗證精準度能達到什麼程度
活用AI的點子
AI的PoC（概念驗證）
AI模型實際執行、運作

B的尺度（位數）差很多的話，就以其中一方為準，調整位數，是一種為了提升AI精準度，不斷重複試誤的過程（圖表3-22）。

用語⑨　PoC

PoC（Proof of Concept，概念驗證）意指正式開發前，**事先進行實地驗證**（圖表3-23）。在正式投資前，確認AI能否如預期運作。首先，以手邊可得的學習資料驗證「能否達成預期的精準度」。當AI達到一定的精準度後，接著實地試用，驗證能否得出令人滿意的結果。因為AI企劃常有無法明確回答的問題，像是「精準度夠嗎？」，或

圖表3-24　類神經網路

▶ 意指模仿人腦神經細胞（神經元）數學模型化的機制。是深度學習的基礎

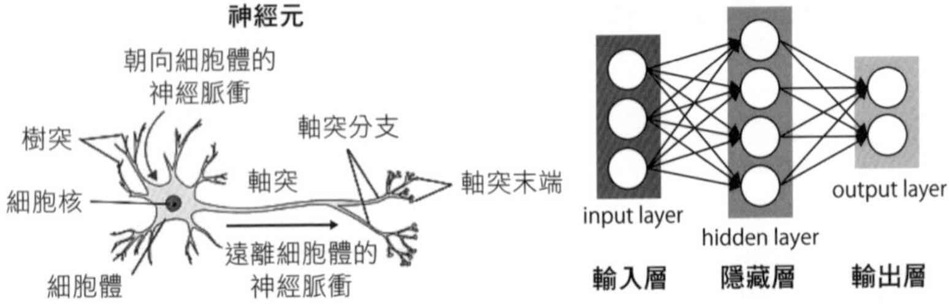
神經元
朝向細胞體的
神經脈衝
樹突
軸突分支
細胞核
軸突
軸突末端
遠離細胞體的
神經脈衝
細胞體
input layer
hidden layer
output layer
輸入層
隱藏層
輸出層

是「實際導入真的會有成效嗎？」等。透過PoC，就能降低開發風險。

用語⑩　類神經網路

類神經網路（neural network）模仿人腦神經細胞（神經元）建置而成，是深度學習的基礎機制。

分有輸入層（input layer）、隱藏層（hidden layer）、輸出層（output layer）。輸入層接收各種資訊，交給多層構造的隱藏層。經過反覆學習，隨著通過隱藏層的資料重要程度改變權重，**重要的資訊就加重權重，不重要的資訊就減輕權重，邊加上權重邊傳遞資料**。從隱藏層到輸出層的過程中，控制資料權重大小，最後輸出認為是正確的答案（圖表3-24）。

圖表3-25　準確率和召回率、精確率

► **準確率（accuracy）**
整體而言預測與解答一致的比率

例：整體準確率為
(30+40)÷100=70%

► **召回率（recall）**
解答為正裡，預測也為正的比率

例：預測「會買」的召回率為
30÷(30+10)=75%
例：預測「不買」的召回率為
40÷(40+20) =66.6%

► **精確率（precision）**
I. 預測為正裡，解答也為正的比率

例：預測「會買」的精確率為
30÷(30+20) =60%

		預測	
		會買	不買
解答	買了	**30 答對**	10 答錯
	沒買	20 答錯	**40 答對**

用語⑪　準確率和召回率、精確率

幾個評價預測型ＡＩ的指標如圖表3-25。

首先，最簡單的指標是「準確率（accuracy）」，代表「整體而言預測與解答一致的比率」，無須複雜算式便可得出。例如，預測「某人買不買」的ＡＩ，在一百人中答對七十人，準確率就是70÷100=70％。

在實際運用「預測某人買不買的ＡＩ」時，若只猜得中「不買的人」，卻猜不中「買的人」會發生什麼事呢？就會變成無法實際派上用場的ＡＩ。為了防止這種預測偏頗，我們也必須檢查整體準確率以外的指標。

「召回率（recall）」就是一種檢查預測偏頗的指標。**召回率是「解答為正裡，預測也為正的比率」**。**我們設「會買」的人為正，若實際有四十人買了，而AI預測其中三十人會買，則「會買」的召回率是30÷40=75%**。像預測重症的AI，就會極度重視避免漏看疾病這一點，此時召回率就十分重要。當採取的預測方針是「料敵從寬」，召回率就會是個重要指標。

而「**精確率（precision）」是「預測為正裡，解答也為正的比率」**。**假設預測五十人會買，而實際有三十人買了，則預測「會買」的精確率就是30÷50=60%**。例如，有一個從監視器畫面辨識偷竊的AI系統，偵測出五十人偷竊，但實際偷竊的只有十人，則精確率就是二十%。這種情況，被誤判偷竊的四十人一定會瘋狂客訴吧。像這類案例就必須注重「精確率」。

用語⑫ AUC

AUC（area under the curve，曲線下面積）是**衡量預測均衡程度**的指標。請跟召回率和精確率一起用在確認預測是否偏頗吧。畫AUC需要先計算True

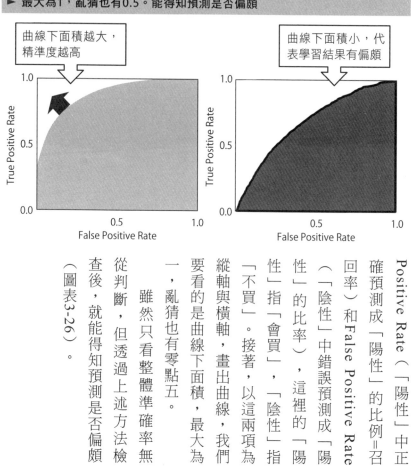

Positive Rate（「陽性」中正確預測成「陽性」的比例=召回率）和False Positive Rate（「陰性」中錯誤預測成「陽性」的比率），這裡的「陽性」指「會買」，「陰性」指「不買」。接著，以這兩項為縱軸與橫軸，畫出曲線，我們要看的是曲線下面積，最大為一，亂猜也有零點五。

雖然只看整體準確率無從判斷，但透過上述方法檢查後，就能得知預測是否偏頗（圖表3-26）。

圖表3-26　AUC（area under the curve）

- True Positive Rate（「陽性」中正確預測成「陽性」的比率=召回率）
- False Positive Rate（「陰性」中錯誤預測成「陽性」的比率）
- 以這兩項為縱軸與橫軸，畫出曲線，我們要看的是曲線下面積大小
- 最大為1，亂猜也有0.5。能得知預測是否偏頗

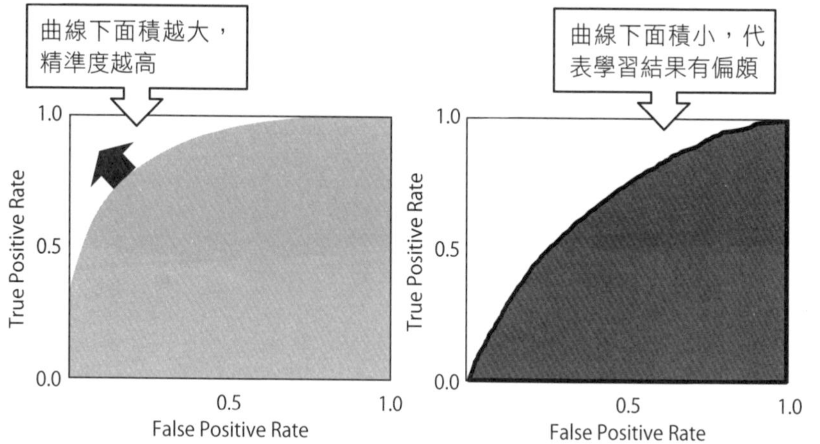

曲線下面積越大，精準度越高
1.0
0.5
0.0
True Positive Rate
0.5
1.0
False Positive Rate
曲線下面積小，代表學習結果有偏頗
1.0
0.5
0.0
True Positive Rate
0.5
1.0
False Positive Rate

第四章 STEP②

概略理解建立AI的方法

How
AI & the Humanities Work
Together

AI是掌握特徵的高手

我們已在前面章節，學到「AI基礎」，這是成為文科AI人才的STEP①。接著要學習的是STEP②「建立AI的方法」。在說明建立方法前，讓我們先進一步探討「AI本質為何」。

不單是背誦大量資料

讓我們從理解「包含深度學習、機器學習，這些AI究竟該如何建立」開始。我想請各位先記住「AI不單是背誦大量資料」這個概念。雖然大數據（big data）的確能提升AI精準度，但這是因為AI掌握了這些資料的特徵，找到規律，並非只將大量資料全部背起來。

即，AI可謂掌握特徵的高手。

若AI只會背資料，會發生什麼事呢？只會背資料的AI，對於資料未涵蓋的新模式，就只能得出不合理的預測結果。正因為ＡＩ掌握特徵找出規律，對於新模式，也就是所謂的未知狀態，才能較正確地預測。

簡言之，就是「製作資料」「學習」「預測」

這個擅長掌握特徵的ＡＩ，又該如何建立呢？雖然文科ＡＩ人才無須學習所有建立ＡＩ細節，不用具備自建ＡＩ能力，但**建議對建立ＡＩ的方法與內容還是要有個概念，未來在企劃ＡＩ、建置ＡＩ時才能大幅減少阻力**。

接著舉例說明如何建立ＡＩ。在此以監督式學習建立預測型ＡＩ為例，為了增加真實感，這裡將主題設為「建立預測員工未來能否升上管理職的ＡＩ」，進行後續解說。

經過「製作資料」「學習」「預測」三步驟，就能建出ＡＩ（圖表4-1）。「預測未來能否升上管理職的ＡＩ」是預測企業現職員工三年後能否升上管理職的虛構ＡＩ，建立這個ＡＩ的第一步是「製作資料」。首先定義預測對象（稱為ＫＥＹ），接著定義預測對象的特徵（解釋變數），以及想以這個ＡＩ預測的事物（目標變數）。

圖表4-1　如何建立AI——以「預測員工未來能否升上管理職」為例

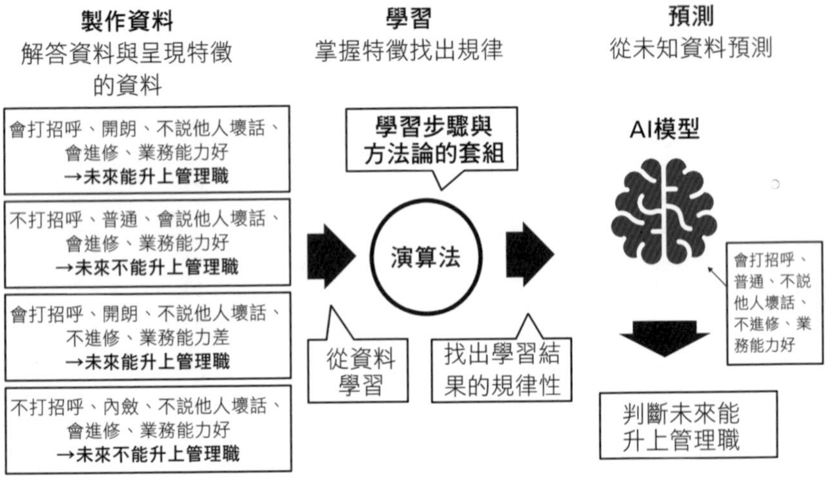
製作資料
解答資料與呈現特徵的資料
會打招呼、開朗、不說他人壞話、會進修、業務能力好
→未來能升上管理職
不打招呼、普通、會說他人壞話、會進修、業務能力好
→未來不能升上管理職
會打招呼、開朗、不說他人壞話、不進修、業務能力差
→未來能升上管理職
不打招呼、內斂、不說他人壞話、會進修、業務能力好
→未來不能升上管理職
學習
掌握特徵找出規律
學習步驟與方法論的套組
演算法
從資料學習
找出學習結果的規律性
預測
從未知資料預測
AI模型
會打招呼、普通、不說他人壞話、不進修、業務能力好
判斷未來能升上管理職

- KEY（對什麼預測）：「員工姓名」
- 解釋變數：「會不會打招呼」「是否開朗」「會不會說他人壞話」「會不會進修」「業務能力好不好」
- 目標變數：「三年後能否升上管理職」

利用Excel等，將這些項目製作成如圖表4-2的格式。在此例中，首先填入「員工姓名」，作為「預測對象」的KEY。接著對代表預測對象特徵的變數（解釋變數）：「會不會打招呼」「是否開朗」「會不會說他

圖表4-2　資料製作範例

►KEY	►解釋變數					►目標變數
員工姓名	會不會打招呼	是否開朗	會不會說他人壞話	會不會進修	業務能力好不好	三年後升上管理職
員工A	1	2	1	1	1	1
員工B	0	1	0	1	1	0
員工C	1	2	1	1	0	1
員工D	0	0	1	1	1	0
・						
・						

人壞話」「會不會進修」「業務能力好不好」，填入實際表現數值。然後輸入想預測的項目（目標變數）：「三年後能否升上管理職」。

「員工姓名」是KEY，這裡填入的是員工名字，也能填入員工編號等，只要能辨別員工就好。

解釋變數「會不會打招呼」這一項，如果見人會打招呼就填入一，不會就填入零；「是否開朗」這一項，如果開朗就填二，普通填一，屬於內斂就填零；「會不會說他人壞話」這一項，不會說填一，會說填零；「會不會進修」「業務能力好不好」也依照相同邏輯填入數值。

目標變數「三年後能否升上管理職」這一項，真的升上管理職了就填一，沒有就填零。

請盡可能準備大量資料。

資料製作完成後，接著是「學習」。將備好的Excel資料輸出成ＣＳＶ檔[1]，丟進ＡＩ演算法（學習步驟與方法論的套組）。在這一步驟**從資料學習，找出學習結果的規律性**。如前述，演算法種類繁多，有些工具會自動選擇能產出較佳結果的演算法。

演算法學完資料後，便**完成ＡＩ模型**。我們再將新人「Ｚ」的資料傾向，包含「會不會打招呼」「是否開朗」「會不會說他人壞話」「會不會進修」「業務能力好不好」，輸入這個ＡＩ模型，就能得出新人Ｚ「三年後能否升上管理職」的預測結果。

此外，針對「三年後能否升上管理職」，除了「能」「不能」兩種結果外，ＡＩ還會告訴我們能升上管理職的機率分數。

ＡＩ並不理解其中涵義

此例中，我們針對數個項目準備資料，讓ＡＩ學習後，ＡＩ就能預測未來情況。但有一點需要注意：**現代ＡＩ雖然掌握所有資料數據，但並不理解其中涵義**。

ＡＩ將所有資料視為數值處理，在做好的資料中，「會不會打招呼」也以一、零表示。ＡＩ本來就是在不瞭解「會不會打招呼」「是否開朗」「會不會說他人壞話」「會不會進修」「業務能力好不好」這些項目的情況下進行預測，也不瞭解「三年後能否升上管理職」的意思。

ＡＩ眼中的世界就長得像圖表4-3。

就像「編號幾號的人，第一項的值是一，第二項的值是二，……然後預測目標值是一（雖然不知道代表什麼意思）」，現階段的ＡＩ就是在不受項目涵義影響的情況下，進行預測。

這就是大家**認為ＡＩ並非萬能的其中一個原因**。

相信大家已經概略瞭解如何建立這個掌握特徵高手了。接著將分別詳細說

1 ＣＳＶ是將數個欄位以「,」區隔的文字資料

圖表4-3　你製作的資料在AI眼中的模樣

Key	metrics01	metrics02	metrics03	metrics04	metrics05	metrics_ target
1	1	2	1	1	1	1
2	0	1	0	1	1	0
3	1	2	1	1	0	1
4	0	0	1	1	1	0
5						
•						
•						

明「預測型ＡＩ」「辨識型ＡＩ」「對話型ＡＩ」「執行型ＡＩ」的建立方法。

瞭解「預測型ＡＩ」的建立方法

如何建立預測型ＡＩ

我們已從前述「預測將來能否升上管理職ＡＩ」的範例中，大致理解建立方法，在此帶大家進一步學習建立預測型ＡＩ的方法。

讓我們再次複習活用預測型ＡＩ的例子：

預測型×替代類ＡＩ活用範例

- 貸款審查（預測融資後的交易狀況）
- 網路監視
- 根據發電廠資料偵測異常值

預測型×擴展類ＡＩ活用範例

- 顧客行為預測
- 需求預測

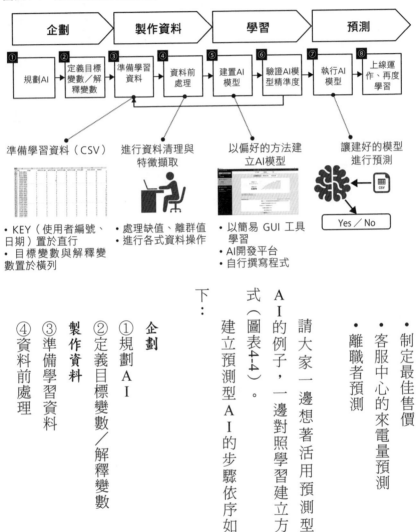

圖表4-4　建立預測型AI的方法

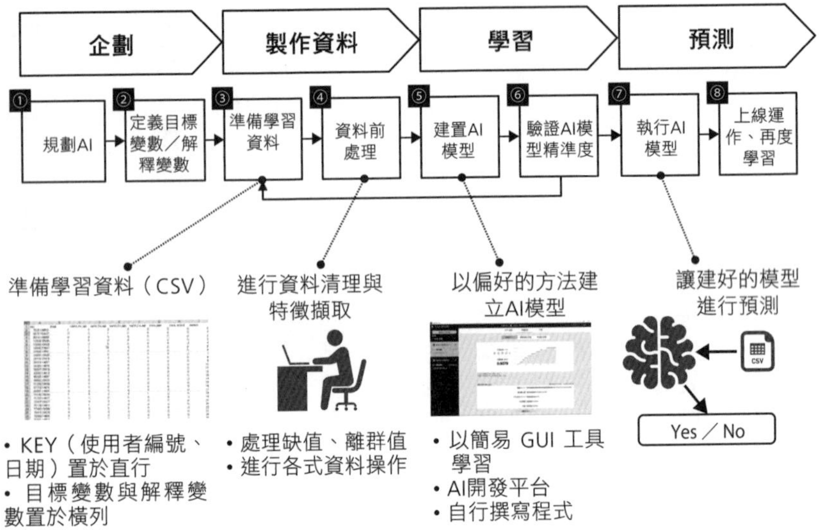
企劃
製作資料
學習
預測
①規劃AI
②定義目標變數／解釋變數
③準備學習資料
④資料前處理
⑤建置AI模型
⑥驗證AI模型精準度
⑦執行AI模型
⑧上線運作、再度學習
準備學習資料（CSV）
進行資料清理與特徵擷取
以偏好的方法建立AI模型
讓建好的模型進行預測
CSV
Yes／No
• KEY（使用者編號、日期）置於直行
• 目標變數與解釋變數置於橫列
• 處理缺值、離群值
• 進行各式資料操作
• 以簡易 GUI 工具學習
• AI開發平台
• 自行撰寫程式

- 制定最佳售價
- 客服中心的來電量預測
- 離職者預測

請大家一邊想著活用預測型AI的例子，一邊對照學習建立方式（圖表4-4）。

建立預測型AI的步驟依序如下：

企劃

①規劃AI

②定義目標變數／解釋變數

製作資料

③準備學習資料

④資料前處理

學習

⑤建置ＡＩ模型

⑥驗證ＡＩ模型精準度

預測

⑦執行ＡＩ模型

⑧上線運作、再度學習

規劃ＡＩ與定義目標變數／解釋變數

如前述，建立ＡＩ有「製作資料」「學習」「預測」三步驟，這裡再加入前一步驟「企劃」，以四步驟繼續說明。因為文科ＡＩ人才負責的「企劃」這一步相當重要，這同時也是奠定後續「製作資料」「學習」「預測」基礎的重要第一步。

「企劃」能再細分成「①規劃ＡＩ」和「②定義目標變數／解釋變數」。

在「①規劃ＡＩ」，會思考建立ＡＩ的目的、如何活用等整體的計畫，將於第五章詳細說明。

圖表4-5　解釋變數與目標變數

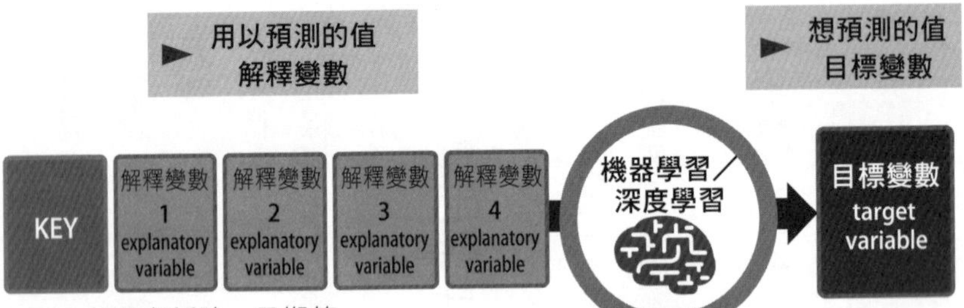

KEY：使用者編號、日期等

在「②定義目標變數／解釋變數」，明確計劃以何種資料，來建立在①定義好的ＡＩ。因為目標變數與解釋變數是一大重點，讓我們再次複習（圖表4-5）。

目標變數是「預測型ＡＩ所預測事物」的值，就前述例子而言，是指「三年後能否升上管理職」。解釋變數則是在預測目標變數時所用的值。重點是，**為了提升目標變數的精準度，必須盡可能事先多挑出與預測主題相關性高的解釋變數**。

例如，推測「三年後能否升上管理職」時，就會思考「怎樣的資料有利於預測」。像「戶籍地」「興趣」等，或許不太影響能否升上管理職，而那些已升上管理職的員工，似乎在前述「會不會打招呼」「是否開朗」「會不會說他人壞話」「會不會進修」「業務能力好不好」項目中，能看出共同傾向。其他還有「不遲到」「報告無疏失」「行動力高」等，將能想到的項目都列出來。

選出合適的解釋變數後，再確認能否實際蒐集到這些資料。若想馬上建立預測型AI，就必須確認這些挑出的解釋變數，是否留有歷史資料。

最後決定使用資料期間。例如，指定下列不同期間的資料，預測型AI的運用方法與預測精準度也會隨之改變。**請根據AI的使用目的，設定合適的資料期間**。

a 為了預測一年後能否升上管理職，使用入職後三個月的資料

b 為了預測三年後能否升上管理職，使用入職後一年的資料

c 為了預測十年後能否升上管理職，使用入職後三年的資料

預測模型a是以短期資料，快速預測那些剛進公司、感覺很快就能做出成績的新人，這將有助於這些人的部門分配。

而預測模型b使用了整年表現的資料，或許適合用來預測能否升到組長這種重要職位。預測模型c則適合用來預測高階主管候選人。

「企劃」這一步驟的內容統整如下，接著進入「製作資料」。

- **決定目標變數**
- **挑選合適的解釋變數**
- **確認蒐集解釋變數數值的可行性**
- **決定所用資料時期**

準備學習資料「就算無法自行製作，也要能正確委託專家」

結束企劃階段後，接著進入「製作資料」。首先**根據前述「②定義目標變數／解釋變數」，進行「③準備學習資料」**。可能會因為學習資料過於複雜，不容易取得或加工，此時可以委託資料科學家或工程師準備學習資料。以下說明是希望文科AI人才至少能學到如何正確委託外部專家，而非所有工作皆由文科AI人才執行。

讓我們來看學習資料的具體範例，假設我們根據電商網站資料，預測使用者未來購買行為，這個AI的學習資料，其中的KEY、解釋變數、目標變數如下所示：

- ＫＥＹ：「會員ＩＤ」
- 解釋變數：「年度購買次數」「會員等級」「網站停留秒數（十四天）」「造訪網站次數（十四天）」「瀏覽商品頁面數（十四天）」「放入購物車次數（十四天）」
- 目標變數：「三十天內是否購買」

這個預測型ＡＩ所預測的是「會員ＩＤ」的消費者在「三十天內是否購買」，而預測三十內是否購買的資料依據有：「年度購買次數」「會員等級」「最近十四天網站停留秒數」「最近十四天造訪網站次數」「最近十四天瀏覽商品頁面數」「最近十四天放入購物車次數」。換句話說，就是ＡＩ根據過去一年的購買次數與會員等級，以及最近十四天在電商網站的行為資料，預測三十天內是否購買。

於是學習資料就會像圖表4-6。

這份學習資料的來源是**電商網站歷史購買資料、會員資料、網站行為資**

► 解釋變數（特徵因素）			► 目標變數（預測對象）
造訪網站次數（十四天）	瀏覽商品頁面數（十四天）	放入購物車次數（十四天）	三十天內是否購買
3	5	5	1
1	0	0	0
4	0	0	0
5	0	3	0
6	10	0	0
5	9	0	
4	0	0	0
0	30	0	0
3	2	0	1
6	0	0	
4	13	0	1
3	0	0	0
2	3	0	0
3	6	0	0
6	13	6	1
2	0	0	0
1	4	0	0
1	60	2	0
0	5	0	0
1	5	3	0
2	59	0	0
4	7	0	0
1	0	0	0

圖表4-6　學習資料實例

►KEY（比較對象）	►解釋變數（特徵因素）		
key	年度購買次數（十二個月）	會員等級	網站停留秒數（十四天）
10001	1	0	450
10002	1	0	3220
10003	1	5	3211
10004	4	0	443
10005	1	0	98
10006	0	0	82
10007	2	0	321
10008	1	1	0
10009	1	0	4322
10010	1	0	10032
10011	5	2	32911
10012	1	1	234
10013	0	0	42
10014	1	0	32
10015	0	0	3444
10016	5	1	6
10017	1	0	23
10018	3	0	45
10019	1	0	0
10020	1	0	567
10021	1	0	222
10022	1	4	11

料，輸出後再儲存成Excel（CSV）檔。最左邊的欄位為會員ID，接著幾個欄位是與會員ID有關連性的解釋變數，最後一欄是我們的預測對象——目標變數。

各資料依下列指定期間，從歷史資料中挑出，做成學習資料。

- 年度購買次數：二〇一八／十一／一～二〇一九／十／三十一
- 會員等級：截至二〇一九／十／三十一
- 網站停留秒數（十四天）：二〇一九／十／十八～二〇一九／十／三十一
- 造訪網站次數（十四天）：二〇一九／十／十八～二〇一九／十／三十一
- 瀏覽商品頁面數（十四天）：二〇一九／十／十八～二〇一九／十／三十一
- 放入購物車次數（十四天）：二〇一九／十／十八～二〇一九／十／三十一
- 三十天內是否購買：二〇一九／十一／一～二〇一九／十一／三十

圖表4-7　資料的時間軸

會員等級
截至2019/10/31
年度購買次數
2018/11/01~2019/10/31
三十天內是否購買
2019/11/01~2019/11/30
2019/10/18~2019/10/31
網站停留秒數
造訪網站次數
瀏覽商品頁面數
放入購物車次數

將時間軸畫成圖就像圖表4-7。

我們就是這樣指定歷史資料期間，切分資料，製作預測型ＡＩ的學習資料。以這種期間區分方式學習完畢的預測型ＡＩ，就能根據**過去一年的購買次數、最近會員等級，以及最近十四天內的網站行為，預測未來三十天內是否購買。**

資料前處理①「找出並處理缺值、離群值」

蒐集到所需數值，備妥學習資料後，接著進入資料前處理階段。建構ＡＩ模型時，若資料蒐集不齊全，會

造訪網站次數（十四天）	瀏覽商品頁面數（十四天）	放入購物車次數（十四天）	三十天內是否購買
3	5	5	1
1	0	0	0
4	0	0	0
5	0	3	0
6	10	0	0
~~5~~	~~9~~	~~0~~	
4	0	0	0
0	30	0	0
3	2	0	1
~~6~~	~~0~~	~~0~~	
4	13	0	1

在學習時發生錯誤，而資料不齊全分有數種模式。

最典型的就是**資料格式不符，例如缺少該有的資料、該是數值型態的資料卻是全型文字等**。因為本書是為文科AI人才而寫，所以不會像資料科學領域那樣深入解說。不過，讓我們透過一個簡單的例子，來瞭解資料前處理階段會發生什麼事吧。

大家有注意到嗎？其實前述的學習資料（圖表4-6）中**有缺值**。

會員ID10006的「三十天內是否購買」為空值

會員ID10010的「三十天內是否購買」為空值

圖表4-8　刪除有缺損的資料

key	年度購買次數（十二個月）	會員等級	網站停留秒數（十四天）
10001	1	0	450
10002	1	0	3220
10003	1	5	3211
10004	4	0	443
10005	1	0	98
~~10006~~	~~0~~	~~0~~	~~82~~
10007	2	0	321
10008	1	1	0
10009	1	0	4322
~~10010~~	~~1~~	~~0~~	~~10032~~

資料會因為某些原因缺損，像是連線錯誤、人為失誤等。空值資料會讓AI學習發生錯誤，故刪除有缺值的會員ID10006與10010資料列，這個動作稱為**資料清理**（圖表4-8）。

如此一來，有缺值的資料便消失了。此外，若有缺值的資料很多，刪除缺損資料將大幅減少學習資料筆數。若遇到解釋變數的值大量缺損的情況，可以填入該項目的全體平均值，避免資料筆數減少。

此外，有些資料很明顯就是「**離群值**」，也就是**數值超出常理的大或小**。這些離群值將會干擾AI學習，故也要刪除包含離群值的資料。

圖表4-9　各種資料操作

網站停留秒數（十四天）
450
3220
3211
443
98
321
0
4322
32911
234
42
32
3444
6
23
45
0

網站停留等級（十四天）
3
4
4
3
2
3
0
4
5
3
2
2
4
1
2
2
0

資料前處理②「加工資料讓特徵更好抓」

前面處理缺值與離群值，是為了避免學習錯誤與干擾。還有另一種資料前處理，是**為了讓AI更能抓住既有資料的特徵，而加工資料**。

例如，在前述例子的學習資料（圖表4-6）裡，大家有注意到只有「網站停留秒數（十四天）」的位數，明顯多於其他解釋變數嗎？一般而言，位數多的項目會使學習產生偏頗，讓精準度無法提升。

為了提升學習精準度，我們可以轉換資料，讓AI更容易抓到資料特徵。像是將「網站停留秒數

（十四天）」換成「網站停留等級（十四天）」，把位數多的秒數值，轉換成幾秒～幾秒為等級一、幾秒～幾秒為等級二……的等級值（圖表4-9）。

此外，**不直接使用既存資料值，而是替換成項目彼此的差值、變化率等，**也能提升學習精準度。

在處理缺值並簡單加工資料後，學習資料會變成圖表4-10。學習資料至此製作完成，接著進入建置AI模型階段。

建置AI「只要動動滑鼠，無須撰寫程式」

準備學習資料與資料前處理階段結束後，終於進入期待已久的AI「學習」。首先是選擇建立AI模型的方法。

因為這裡是以建置AI為前提，所以排除前面介紹過的「使用已建置的AI服務」。預測型AI的建置方法，分為以下三大類：

- 以「GUI開發環境」建立AI
- 以「程式碼開發環境」建立AI

造訪網站次數（十四天）	瀏覽商品頁面數（十四天）	放入購物車次數（十四天）	三十天內是否購買
3	5	5	1
1	0	0	0
4	0	0	0
5	0	3	0
6	10	0	0
4	0	0	0
0	30	0	0
3	2	0	1
4	13	0	1
3	0	0	0
2	3	0	0
3	6	0	0
6	13	6	1
2	0	0	0
1	4	0	0
1	60	2	0
0	5	0	0
1	5	3	0
2	59	0	0
4	7	0	0

- 「從零開始」建立AI

本書為文科AI人才而寫，故在此排除「從零開始建立AI」選項。而以「程式碼開發環境建立AI」雖然比從零開始建置輕鬆，但仍需程式撰寫知識，此處以文科AI人才直接建置AI模型為前提，因此也排除這個選項。

「GUI開發環境」文科AI人才也可輕易上手，我們選用此法，學習如何建立AI。這個工具有以網頁服務形式，透過瀏覽器就能操作的類型，也有需要安裝到電腦裡

圖表4-10　經過前處理後的學習資料實例（預測型AI）

key	年度購買次數（十二個月）	會員等級	網站停留等級（十四天）
10001	1	0	3
10002	1	0	4
10003	1	5	4
10004	4	0	3
10005	1	0	2
10007	2	0	3
10008	1	1	0
10009	1	0	4
10011	5	2	5
10012	1	1	3
10013	0	0	2
10014	1	0	2
10015	0	0	4
10016	5	1	1
10017	1	0	2
10018	3	0	2
10019	1	0	0
10020	1	0	3
10021	1	0	3

的應用程式類型，透過GUI（以滑鼠操作為主的圖形化使用者介面），不用寫程式就能訓練AI。

「GUI開發環境」中也有多種工具服務，隨工具不同有細部差異，但建立AI的流程大致如圖表4-11所示。

首先，將備好的學習資料上傳到AI建構工具中。一般而言，工具會將上傳的學習資料分成「訓練資料」和「驗證資料」，分割比例依工具規格而異，大多是九比一或八比二。

圖表4-11　以GUI工具訓練AI的流程①

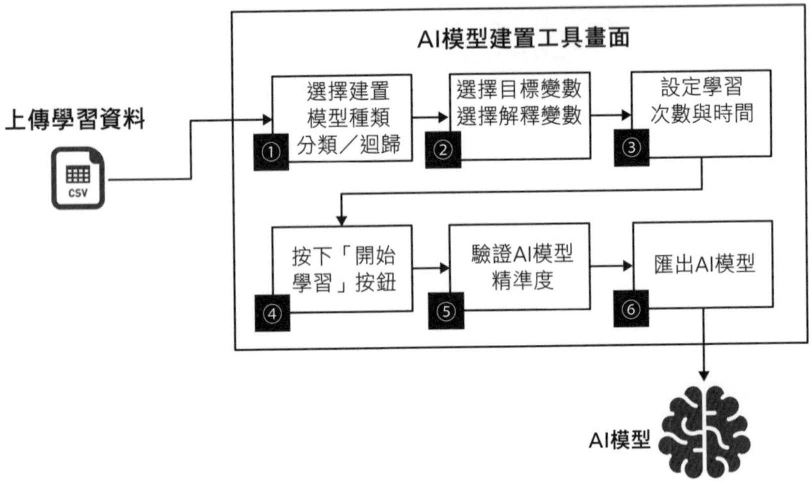

- 訓練資料：訓練ＡＩ的資料
- 驗證資料：測試訓練完畢ＡＩ精準度的資料

資料上傳完畢後，依照下列步驟，在瀏覽器或工具畫面點選輸入。

（1）選擇建置模型種類（分類／迴歸）
（2）選擇目標變數與解釋變數
（3）設定學習次數與時間
（4）按下「開始學習」按鈕
（5）驗證ＡＩ模型精準度
（6）匯出ＡＩ模型

（1）選擇建置模型種類（分類／迴歸）

首先，選擇以「分類／迴歸」建立模型。在用語解說部分也介紹過，分類就是推測會買／不買這種二分答案，或是成長、不變、停滯這種三分答案等，判斷屬於哪個答案的模型；迴歸就是推測「買幾個」「來多少人」「能賣一百萬日圓」這種數值的模型。

（2）選擇目標變數與解釋變數

接著，決定上傳資料中哪些項目設成「目標變數」，哪些項目設成「解釋變數」。設定「解釋變數」時，會嘗試排列組合各種解釋變數，觀察精準度變化。

（3）設定學習次數與時間

建構ＡＩ模型時，會多次重複學習步驟，以找出最佳狀態。但不是一直學習下去，精準度就會無限提升。為了定義ＡＩ結束學習的時間點，會設定重複學習次數，或是設定持續學習分鐘數。工具大多有預設值，一開始先用預設值就好。

（4）按下「開始學習」按鈕

設好學習條件後，就按下「開始學習」按鈕。按下按鈕後ＡＩ就會開始學習，我們就等待ＡＩ學習結束。

（５）驗證ＡＩ模型精準度

學習結束後，就得驗證ＡＩ模型答對的機率。工具通常會從上傳的學習資料中，自動先留一定比例的資料，用來驗證精準度。

（６）匯出ＡＩ模型

驗證完ＡＩ模型精準度後，若認為已達可用標準，就將ＡＩ模型匯出，隨時都可以開始預測。有些工具能將建好的模型輸出至外部，有些則是儲存在工具內以供呼叫使用，這部分請查閱各服務工具的使用說明。

依照前述步驟，就能建置ＡＩ模型。以「從零開始建立ＡＩ」與運用「程式碼開發環境」建構ＡＩ模型時，選擇演算法與調整各種參數等手動調校改善的步驟，在「ＧＵＩ開發環境」大多會自動最佳化處理。雖然不像自建客製能透過微調提升精準度，但無需大量專業知識，就能做到一定程度的最佳化，可說是「ＧＵＩ開發環境」的一大優點。

只要不是精準度稍低就攸關性命，或是會造成巨大損失的嚴峻情況，這些降低了建置ＡＩ模型門檻的工具服務，都是便利與實用兼具的選擇。

驗證ＡＩ模型「準確率再高，一旦預測有偏頗就會降低實用性」

雖然在ＧＵＩ工具操作步驟說明的後半部已介紹過，但我想再多談談「驗證ＡＩ模型精準度」。當我們在驗證預測型ＡＩ的精準度時，首先會看「準確率」。例如，用來分類的ＡＩ模型，在一千次的預測中，若能答對九百次，則準確率為九十％。

若屬分類模型，建議也檢查看看在用語介紹提過的ＡＵＣ吧。例如，預測是否會在電商網站購買的ＡＩ模型，會隨學習方式不同，模型可能有所偏頗，變成「能十分精準預測出不會購買的人，卻無法推測出會購買的人」。就算整體準確率高，像這種預測極端偏頗的ＡＩ模型，也很難派得上用場。要檢查是否有這類預測偏頗，就是透過ＡＵＣ值。ＡＵＣ以圖表4-12那樣的曲線下面積計值，在只分成兩類的情況，隨機猜測的ＡＵＣ會是零點五，ＡＵＣ的最大值為一，越接近一，代表偏頗程度越低、精準度越高。

True Positive Rate是正確預測值為正（例如：會買）的比率；False Negative Rate是預測值為負（不買）卻預測錯誤的比率。以ＡＵＣ的機制而言，若正負雙方預測正確次數平均且多，曲線下的面積就會大，若其中一方預測不中，出現偏頗，曲線下面積就會小。

圖表4-12　AUC（area under the curve）（再次刊載）

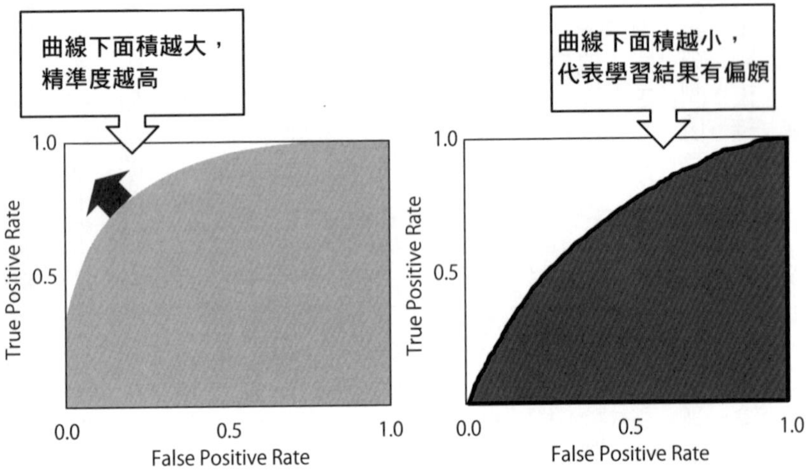

執行AI模型

驗證完AI模型的精準度後，終於能正式執行AI模型了。針對學習時的解釋變數項目，蒐集資料並準備成CSV等格式，以預測未來的目標變數（圖表4-13）。

上線運作、再度學習

建好的AI模型，就可以加入系統裡實際運作。正式上線後，必須定期檢查AI模型的預測精準度，若發現預測精準明顯下降，AI模型就必須再度學習。

若學習資料過時，預測便無法符合現況，故製作學習資料時，要蒐集

圖表4-13　以GUI工具訓練AI的流程②

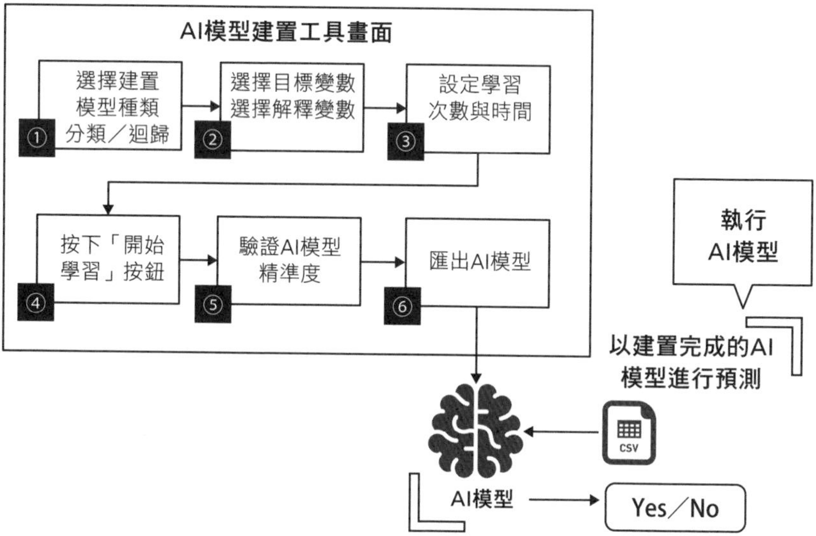

的是近期資料。**學習資料舊換新後，讓AI再度學習，重新輸出AI模型**（圖表4-14）。若AI以新資料學習後，仍無法提升精準度，就必須重新檢視解釋變數。

①規劃AI
②定義目標變數／解釋變數
③準備學習資料
④資料前處理
⑤建置AI模型
⑥驗證AI模型精準度
⑦執行AI模型
⑧上線運作、再度學習

圖表4-14　以GUI工具訓練AI的流程③

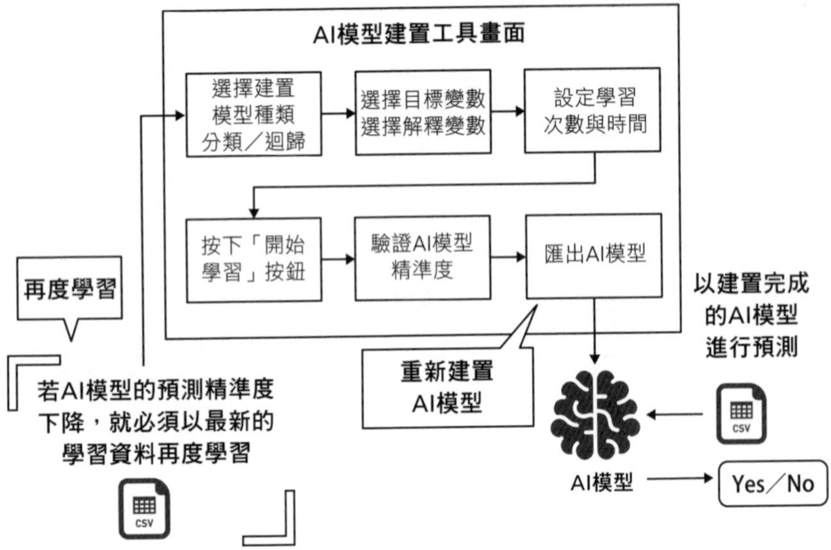
AI模型建置工具畫面
選擇建置
模型種類
分類／迴歸
選擇目標變數
選擇解釋變數
設定學習
次數與時間
按下「開始
學習」按鈕
驗證AI模型
精準度
匯出AI模型
再度學習
重新建置
AI模型
以建置完成
的AI模型
進行預測
若AI模型的預測精準度
下降，就必須以最新的
學習資料再度學習
CSV
CSV
AI模型
Yes／No

以上共八個步驟皆說明完畢，相信大家都已理解預測型ＡＩ建立方法的全貌。是否更瞭解實際該用哪種資料，透過哪些步驟訓練ＡＩ呢？希望大家對於ＡＩ模型建立方法的迷惑，能透過以上說明一掃而空。

補充　「ＡＩ開發環境」演進，改變了什麼？

前面以「ＧＵＩ開發環境」為例，說明了預測型ＡＩ的建立方法，那「ＧＵＩ開發環境」這類ＡＩ開發環境的演進，帶來了什麼改變呢？讓我們以「從零開

圖表4-15　AI開發支援環境的演進

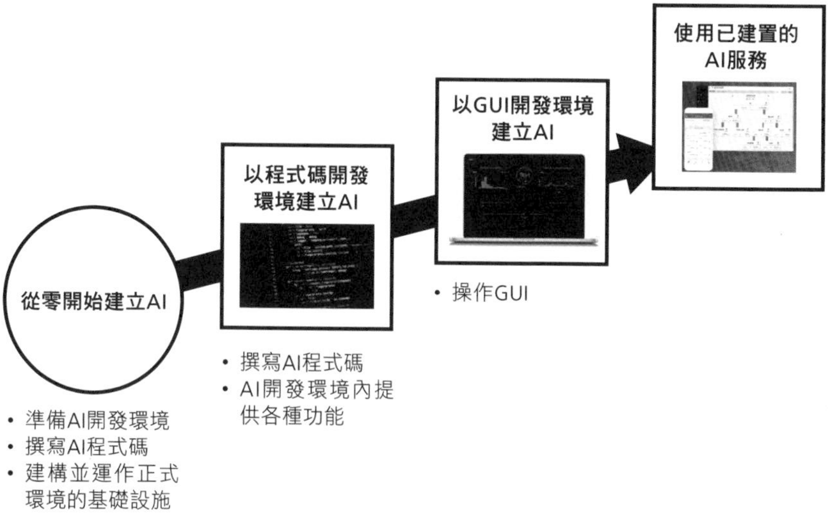

始建立ＡＩ」的步驟，瞭解發生了哪些變化吧（圖表4-15）。

「從零開始建立ＡＩ」必須從無到有，一步步自行完成下列事項：

- 準備ＡＩ開發環境
- 撰寫ＡＩ程式碼
- 建構並運作正式環境的基礎設施

雖然也能運用既有函式庫[2]資源，但在ＡＩ正式上線公開前，該做的事包山包海，若無高度專業知

2 函式庫是將各種用途廣泛的程式，以可重複利用的型態整理而成的集合

識，很難應付得過來。

開始以「程式碼開發環境」來建立ＡＩ後，開發環境提供的各種功能，減少了從零建立ＡＩ時所需步驟，讓我們能將心力專注於撰寫ＡＩ程式碼。

「以程式碼開發環境建立ＡＩ」能：

- 撰寫ＡＩ程式碼
- ＡＩ開發環境提供各種功能

隨著「ＧＵＩ開發環境」登場，原本在「程式碼開發環境」的「撰寫ＡＩ程式碼」一步驟也省去了，取而代之的是透過ＧＵＩ拖曳與點擊的操作步驟。

「以ＧＵＩ開發環境建立ＡＩ」能：

- 透過ＧＵＩ操作
- ＡＩ開發環境提供各種功能

在過去是理組ＡＩ人才（資料科學家與ＡＩ工程師）負責操作ＡＩ開發環

境，現在選定ＡＩ演算法與比對驗證這些工作，以及建構ＡＩ與運作ＡＩ所需的系統開發等，都已簡化、甚至還能自動化執行。從零開始建構ＡＩ的需求降低，「建立ＡＩ」工作也變得更加平易近人。

非理組ＡＩ人才也能「以ＧＵＩ開發環境建立ＡＩ」，想必未來**單靠文科ＡＩ人才就建出的ＡＩ模型也會越來越常見**。

瞭解「辨識型ＡＩ」的建立方式

複習活用辨識型ＡＩ的例子

前面說明了預測型ＡＩ的建立方法，接著向大家介紹如何建立辨識型ＡＩ。從辨識型ＡＩ開始，會以預測型ＡＩ的建置流程為基礎，並以辨識型特點為主，帶大家掌握建立方法的重點。

在開始解說辨識型ＡＩ的建立方法前，先回顧一下活用辨識型ＡＩ的例子，讓大家更有概念。

辨識型×替代類ＡＩ活用範例

- 二十四小時檢視ＮＧ圖片
- 分辨不良品
- 主題公園入園臉部辨識
- 無人商店商品拿取偵測
- 從高壓電纜影像偵測狀態

辨識型×擴展類ＡＩ活用範例

- 提升臨床檢查精準度
- 從大量影片中自動擷取資訊

圖表4-16　建立辨識型AI的方法——以偵測、判別物體的AI為例

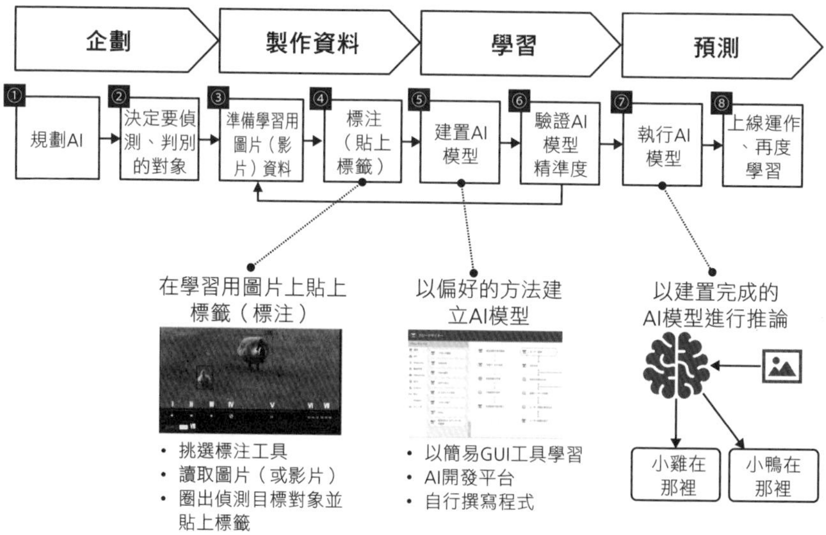

（資料來源）https://www.softbanktech.co.jp/special/blog/cloud_blog/2018/0043/

建立辨識型AI的流程

辨識型AI的功能分兩大類：一類是「物體辨識」也就是找出物體；另一類是「圖像判別」，判斷找到的物體為何。

- **物體辨識會從圖片、影片中，找出特定物體**
- **圖像判別會根據圖片，認出物體為何**

建立辨識型AI的流程，與預測型AI大致相同，只是有幾個辨識型AI特有步驟。圖表4-16為建立辨識型AI的流程。

企劃

①規劃AI

②決定要偵測、判別的對象

製作資料

③準備學習用圖片（影片）資料

④標注（貼上標籤）

學習

⑤建置AI模型

⑥驗證AI模型精準度

預測

⑦執行AI模型

⑧上線運作、再度學習

辨識型AI主要是取代人眼，有時還能正確辨認人類無法區分的物件。

「①規劃AI」會依辨識型AI的特性，規劃建立AI目的，以及需要實作的AI功能。

規劃出ＡＩ的大方向後，接著「②決定要偵測、判別的對象」，具體訂出希望ＡＩ辨識的物件。偵測、判別對象的例子有：

- **辨識特定人臉**
- **辨識性別與年齡**
- **辨識動物與生物**
- **辨識不良品**
- **辨識癌細胞**

確定希望ＡＩ偵測、判別的對象後，接著「③準備學習用圖片（影片）資料」。蒐集用來訓練物體偵測與圖像判別的資料。若ＡＩ偵測、判別的對象是圖片，就準備圖片資料集；若對象是影片，就準備影片資料。

備妥學習用的圖片（或影片）後，進入「④標注（貼上標籤）」。標注一詞原意為「注釋、加注」，而在ＡＩ世界中，指的是為了建立學習資料，貼上標籤的過程。所謂的標籤，以圖片內的汽車為例，就是圈出汽車位置，記上「汽車」（圖表4-17）。也有數個公開的標注工具可供選用，雖然能提升一定

圖表4-17　標注工具範例（ABEJA Platform）

（資料來源）https://prtimes.jp/main/html/rd/p/000000033.000010628.html

程度的標注效率，但建議還是要有耗費時間人力的心理準備。

而標注工具又分兩類：一類是包含在建立辨識型AI的GUI開發環境（Google的AutoML Vision、ABEJA Platform等）中；另一類是獨立運作的標注工具（labelImg、名為Microsoft／VoTT的工具）。

辨識型AI需要大量學習資料，才能提升精準度，故**「④標注（貼上標籤）」對於辨識型AI而言相當重要**。標注會耗費大量時間人力，是經常外包的領域。

備齊標注完畢的學習資料後，進入「⑤建置AI模型」。與預測型ＡＩ相同，建置ＡＩ模型有三個選項：「以ＧＵＩ開發環境建立ＡＩ」「以程式碼ＡＩ開發環境建立ＡＩ」「從零開始建立ＡＩ」。若選擇「以ＧＵＩ開發環境建立ＡＩ」，則有Google服務、多項其他服務可用，以貼有標籤資訊的圖片（影片），透過ＧＵＩ介面操作建置ＡＩ模型。

建好ＡＩ模型後，就要「⑥驗證ＡＩ模型精準度」。辨識型ＡＩ與預測型ＡＩ相同，主要以準確率與ＡＵＣ來驗證精準度。例如，準備有別於學習資料的其他照片，輸入一百張汽車照片，若有九十五張正確推論為汽車，則準確率為九十五％。再以ＡＵＣ檢視「認出是汽車的比率」與「判斷為非汽車的比率」是否偏頗。針對每個欲偵測、判別物體，分別算出準確率與ＡＵＣ，全體加總取平均，就會得出辨識系ＡＩ模型的精準度。

驗證完ＡＩ模型精準度後，若判斷達到實務應用程度，則進入「⑦執行ＡＩ模型」。輸入未學習過的圖片與影片，讓已匯出的ＡＩ模型偵測、判別。

ＡＩ模型的「⑧上線運作、再度學習」則是當發現所學資料集已過時，或是在日常維運時，發現ＡＩ模型的精準度變低，就必須準備新資料讓ＡＩ模型再度學習。

瞭解「對話型ＡＩ」的建立方式

對話型ＡＩ的運作機制

首先回顧活用對話型ＡＩ的例子。

對話型×替代類ＡＩ活用範例

- 設施內部對話式導覽
- 語音訂單應對
- 使用聊天機器人、語音通話，執行客服中心工作
- 公司內線電話轉接
- 將語音對話轉換成文字與摘要內容

對話型×擴展類ＡＩ活用範例

- 取代專家
- 從對話分析情緒
- 多語言對談

圖表4-18　對話型AI的運作機制（文字對話）

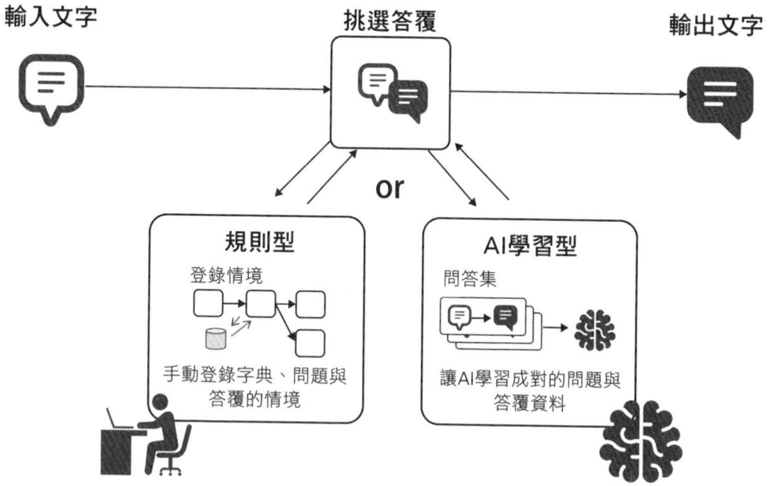
輸入文字
挑選答覆
輸出文字
or
規則型
登錄情境
手動登錄字典、問題與答覆的情境
AI學習型
問答集
讓AI學習成對的問題與答覆資料

最典型的對話型ＡＩ，就是運用文字對話的聊天機器人。讓我們以聊天機器人為主軸，來看對話型ＡＩ的運作機制（圖表4-18）。輸入問題後，對話型ＡＩ就會挑出適當答覆再輸出。

身為對話型ＡＩ代表的聊天機器人，還能再分成兩大類。

一類是**規則型**聊天機器人，需要人類手動一一登錄對話情境，像是「若收到這種問題，則以這種答案回應」。結束一個問題後，接著要談哪種話題等，也是手動登錄（圖表4-19）。也需要輸入相似詞並登錄生詞字典，才能涵蓋問題中生詞的各種

圖表4-19　像這樣列出規則型所用的對話情境

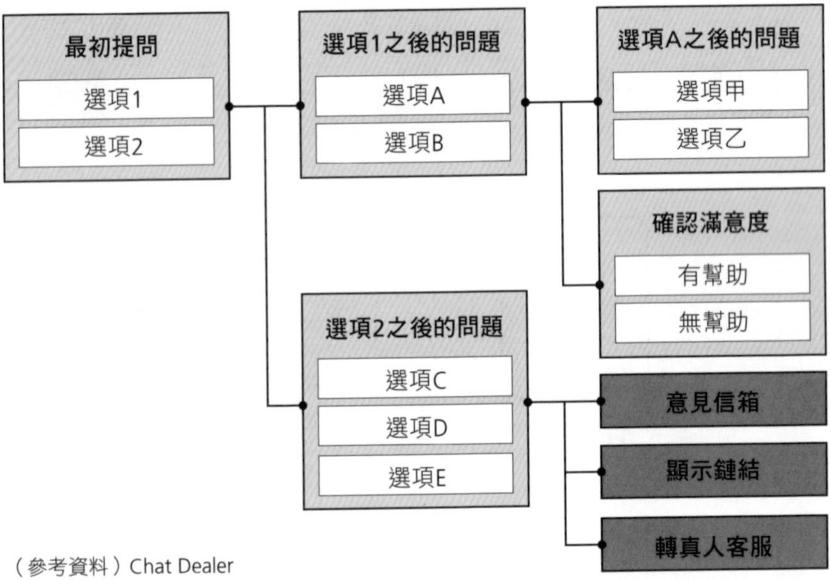

（參考資料）Chat Dealer

變化。

另一類AI**學習型**聊天機器人，則需要準備大批問答集[3]（圖表4-20）訓練AI。備妥大量問答集，以及講法類似的問題、相似詞的登錄資料後，就能讓AI開始學習這個資料集。

若問答集數量龐大，建議**採用AI學習型的聊天機器人，就無須一一手動輸入情境，正確回答率（準確率）也較高**。若問答集數量不多，則較適合能微調問題與答覆的**規則型聊天機器人，一一手動輸入為佳**。

此外，對話型AI的輸入與輸出資料也可能是**語音**。這種情

圖表4-20　AI學習型所用的問答集範例

問題	答覆
我忘記密碼了，請問該怎麼辦？	請在「忘記密碼」頁面，輸入已登錄為ID的郵件地址。
請問能因尺寸不合退貨嗎？	請將欲退貨商品、標籤、出貨單一起寄到下列地址。

況則以前述的運作機制為基礎，再加上辨識對話語音輸入的語音辨識ＡＩ，以及將對話以合成語音輸出的機制（圖表4-21）。

建立對話型ＡＩ的流程

接著以ＡＩ學習型為例，說明建立對話型ＡＩ的流程（圖表4-22）

企劃

①規劃ＡＩ

②設計往上呈報給人類的制度

製作資料

③準備學習資料

④登錄問題的類似措辭與相似詞

圖表4-21　對話型AI的運作機制（語音對話）

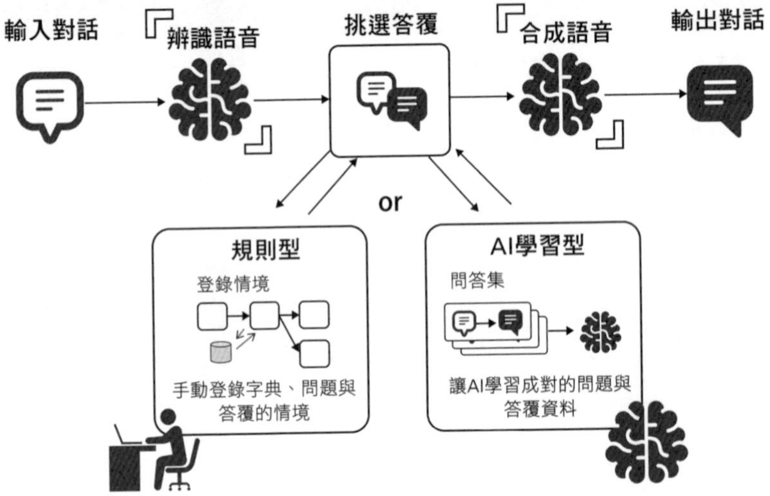
輸入對話
『辨識語音』
挑選答覆
『合成語音』
輸出對話
or
規則型
登錄情境
手動登錄字典、問題與答覆的情境
AI學習型
問答集
讓AI學習成對的問題與答覆資料

學習

⑤建置ＡＩ模型

⑥驗證ＡＩ模型精準度

預測

⑦執行ＡＩ模型

⑧上線運作、再度學習

跟預測型ＡＩ、辨識型ＡＩ一樣，第一步都是「①規劃ＡＩ」，**提出能以對話型ＡＩ「解決的課題與不便」的企劃案**。重點是掌握「對話型當下能做到哪種程度，什麼是還辦不到的？」。現代的對話型ＡＩ不擅長複雜的問題與需要高精準度答案的互動，也不擅長處理完全陌生的詢問。為了避免與顧客

圖表4-22　對話型AI的運作機制（語音對話）

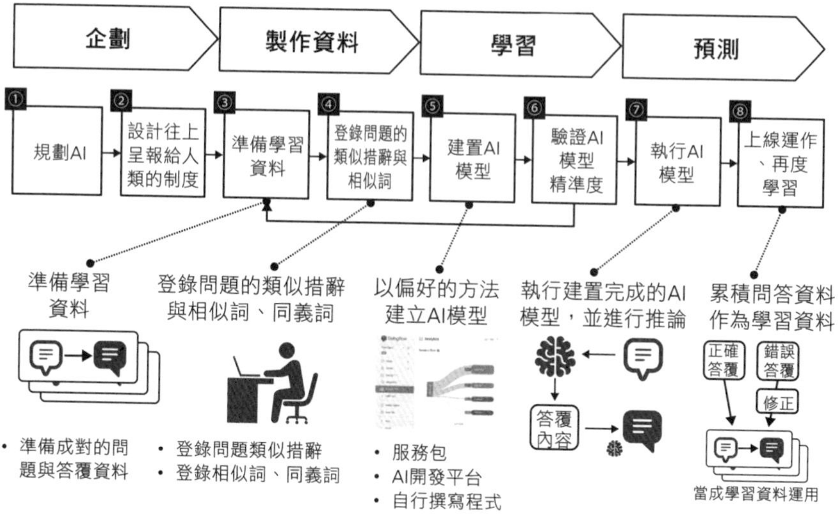
企劃
製作資料
學習
預測
① 規劃AI
② 設計往上呈報給人類的制度
③ 準備學習資料
④ 登錄問題的類似措辭與相似詞
⑤ 建置AI模型
⑥ 驗證AI模型精準度
⑦ 執行AI模型
⑧ 上線運作、再度學習
準備學習資料
登錄問題的類似措辭與相似詞、同義詞
以偏好的方法建立AI模型
執行建置完成的AI模型，並進行推論
累積問答資料作為學習資料
答覆內容
正確答覆
錯誤答覆
修正
・準備成對的問題與答覆資料
・登錄問題類似措辭
・登錄相似詞、同義詞
・服務包
・AI開發平台
・自行撰寫程式
當成學習資料運用

雞同鴨講，建議在規劃階段，好好取捨使用目的與範圍。

「②設計往上呈報給人類的制度」是掌握「能辦到與辦不到的範圍」後，再設計如何「與人類共事」。如前述，目前大多數的對話型AI，對於複雜或陌生的問題，會給出錯誤的答覆，甚至根本就聽不懂，無法辨認問題。

像這種情況，就必須**呈報給接手應對的人，將業務「從AI轉給人類」**。特別是較無法容忍講錯話的客服中心工作、點單工作、電話轉接工作等，建議在設計工作內容時，備妥足夠人力，當對話型AI無法應對就能接手處理。

「③準備學習資料」就是準備問答集，可以將過去的問答紀錄建檔，若資料集不足，也可新建自行設想的問題與答覆。

為了讓ＡＩ面對**同一目的，但表達上稍有不同的問題時**，也能恰當答覆，在「④登錄問題的類似措辭與相似詞」這一步，必須準備並登錄講法相近的問題資料。例如，像「我想退上次買的椅子，請問該怎麼做？」，類似的講法有「之前買了椅子，現在想退貨，請問該怎麼辦？」「上週買的椅子想退貨」等，登錄相同目的但講法不同的問題。輸入一定數量的類似講法後，有些ＡＩ與某些功能就能**正確辨識語感稍有差異的問題**。為涵蓋每個人不同的用字遣詞，相似詞也需一併登錄。

例如，「椅子」的相似詞有「板凳」「椅凳」「凳子」等。尤其是要輸入那些導入對話型ＡＩ的服務中，相關的重要詞彙。

備妥資料後，接著是「⑤建置ＡＩ模型」。雖然也能自選偏好的ＡＩ模型建構方法，但就ＡＩ學習型的對話型ＡＩ而言，考量到語言處理技術難度，直接使用「**已建置的ＡＩ服務**」**是較為實際的作法**。建議使用Microsoft、Google、Amazon、LINE等平台提供業者，以及各家企業的服務。

建構出ＡＩ模型後，接著「⑥驗證ＡＩ模型精準度」。必須使用未學習過的資料，來驗證對話型ＡＩ精準度。**對於提問，計算能做出多少恰當答覆，作為ＡＩ模型的準確率**。在正式上線前，隨機製作預想問題，檢測能否恰當答覆。而上線後則以恰當答覆顧客的比率，來評斷ＡＩ模型的精準度。

驗證完精準度後，若達到系統公開標準，就進入「⑦執行ＡＩ模型」。根據「②設計往上呈報給人類制度」，對於ＡＩ無法處理，需要由人類接手應對的情況，要備妥相應人力。大部分的情況，在執行對話型ＡＩ後會取代原本的人工作業，就直接指定這群人作為所需人力即可。

「⑧上線運作、再度學習」是對話型ＡＩ服務實際上線運作。**與顧客溝通過程中所產生的實際問答資料，都能進一步活用於ＡＩ學習**。若為正確溝通完畢的問答，就直接當成學習資料；若回答有誤，則修正後也能當成學習資料運用。

透過上述步驟，就能建置出對話型ＡＩ。特別是語言處理領域，並非任何人都能勝任，**故我們須將心力放在如何蒐集大量問答集資料，以及思考如何設計出ＡＩ與人類合作的最佳工作流程**。此外，不同服務處理日語的能力參差不齊，故鑑別服務的能力也很重要。

瞭解「執行型ＡＩ」的建立方式

執行型ＡＩ是多種ＡＩ的組合

最後向大家介紹建立執行型ＡＩ的方法。首先回顧執行型ＡＩ的例子。

執行型×替代類ＡＩ活用範例

- 自動駕駛
- 產線作業
- 倉儲作業
- 資料輸入
- 機器人店面導覽

執行型×擴展類ＡＩ活用範例

- 以ＡＩ擴展無人機的應用範圍
- 控制自主型機械裝置

大部分的執行型ＡＩ，是由前面介紹的預測型ＡＩ、辨識型ＡＩ、對話型ＡＩ所組合而成。像是機器人店面導覽，就組合了數種ＡＩ：辨識型ＡＩ透過攝影機辨認人類，推測性別與年齡；預測型ＡＩ根據歷史溝通資料，得出下一個可能的詢問，改變招呼顧客的內容；運用對話型ＡＩ，邊移動邊導引顧客。

控制執行型ＡＩ的強化學習機制

雖然執行型ＡＩ通常是由不同ＡＩ組合而成，但這裡想與大家一起探討的例子，是一個以前述強化學習為主的精簡式執行型ＡＩ。訓練執行型ＡＩ以強化學習為主，透過這個訓練過程，就能讓物體做出合乎情境的動作。

這裡以Amazon的AWS DeepRacer作為強化學習的執行型ＡＩ例子。AWS DeepRacer是以**強化學習驅動的十八分之一比例全自動賽車**，透過電腦畫面中的3D賽車模擬器進行學習，在現實世界中也有賽車聯盟。而AWS DeepRacer只是為了體驗強化學習運作的工具組，不具實用性。

讓我們複習一下強化學習為何：

- 強化學習運用賞罰制度「使AI重複做出好的選擇」
- 強化學習是透過組合多個選項，引導AI得出的整體「解答」（理想的結果）的學習方法
- 強化學習中，「Agent」會因為「選擇行動」從「環境」獲得報酬

十八分之一比例的賽車——DeepRacer，透過使用賞罰概念的強化學習，能成功行駛於賽道上。其「**Agent**」「**行動**」「**環境**」分別如下：

- **Agent**：賽車
- **行動**：行駛
- **環境**：賽道上的世界

在此例中，執行型AI所用的強化學習：「賽車（Agent）」透過選擇「行駛（行動）」，從「賽道上的世界（環境）」得到報酬。強化學習的結果，就是成功在賽道上奔馳（圖表4-23）。

在賽車場裡，賽車從起點開始行駛，隨後透過攝影機觀測賽車在賽道上

圖表4-23　強化學習的運作機制

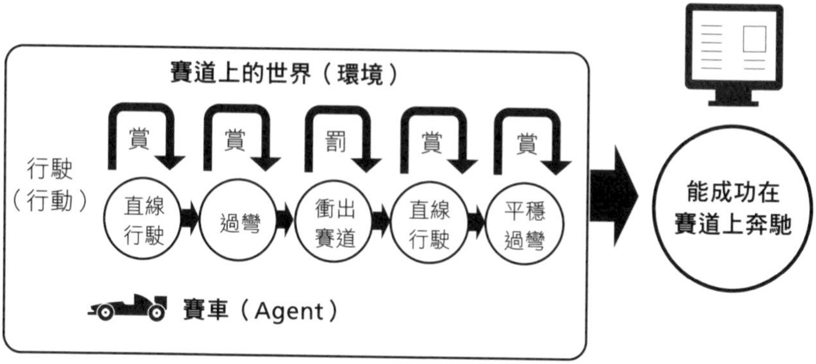

的狀態，根據狀態決定行動，像是下次該如何過彎（減速時機、車速調整、角度）等。並根據是否位於車道恰當位置，判斷行動結果。若衝出賽道就給予懲罰，若駛出賽道內最短路徑就給予報酬。

ＡＩ透過賞罰機制學習，觀測賽車在賽道上的狀態，就能根據狀態選擇合適的行動。

建立執行型ＡＩ的流程

相信大家都已掌握建立執行型ＡＩ所需的強化學習概念了。接著來看建立執行型ＡＩ的流程（圖表4-24）。

圖表4-24　執行型AI的建立方式——以強化學習訓練AI自動駕駛

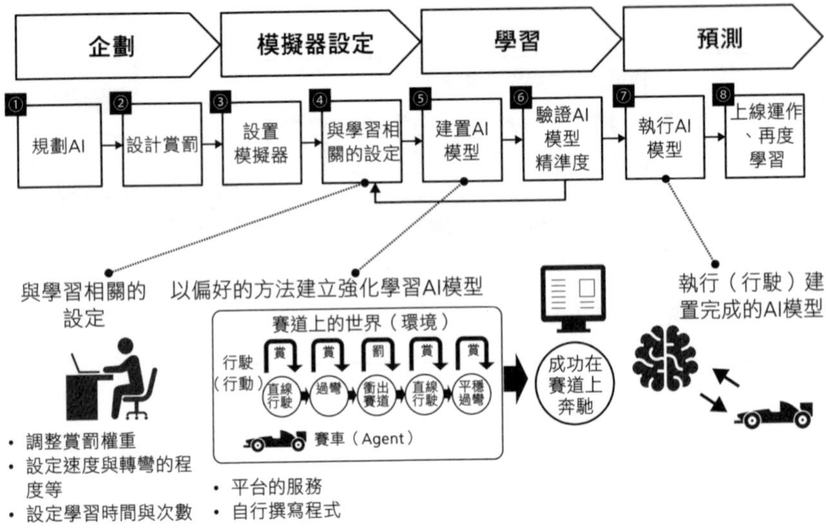
企劃
模擬器設定
學習
預測
①規劃AI
②設計賞罰
③設置模擬器
④與學習相關的設定
⑤建置AI模型
⑥驗證AI模型精準度
⑦執行AI模型
⑧上線運作、再度學習
與學習相關的設定
以偏好的方法建立強化學習AI模型
賽道上的世界（環境）
行駛（行動）
賞
賞
罰
賞
賞
直線行駛
過彎
衝出賽道
直線行駛
平穩過彎
賽車（Agent）
成功在賽道上奔馳
執行（行駛）建置完成的AI模型
• 調整賞罰權重
• 設定速度與轉彎的程度等
• 設定學習時間與次數
• 平台的服務
• 自行撰寫程式

企劃

①規劃AI

②設計賞罰

模擬器設定

③設置模擬器

④與學習相關的設定

學習

⑤建置AI模型

⑥驗證AI模型精準度

預測

⑦執行AI模型

⑧上線運作、再度學習

接著以賽車為例說明建立流程。

「①規劃AI」決定執行型

AI的使用目的。在此例中，是讓賽車能快速又平穩地行駛於賽道上。

「②設計賞罰」決定什麼狀態給予報酬，什麼狀態給予懲罰。也會分別訂出**賞罰的基本規則，像是在不同情況下給予的權重等**。

執行型AI跟預測型AI、辨識型AI、對話型AI最大的差異在於「模擬器」的存在。**執行型AI運作於真實世界前，會在電腦模擬器進行測試**，提升學習精準度。「③設置模擬器」就是準備測試AI運作與訓練AI的環境。

「④與學習相關的設定」是在備好的模擬器環境中，調整賞罰權重以產生更好結果，或是調整其他參數值。像是決定保持在賽道上的報酬權重、衝出賽道要罰多少，決定車速與過彎角度的最大值、最小值，決定學習次數與時間限制等，都是調整參數的例子。

「⑤建置AI模型」是讓AI在模擬器上實際學習，讓身為Agent的賽車，奔馳於電腦模擬器虛擬出來的環境。首先在尚未學習的狀態下行駛賽車，若維持行駛在賽道上的狀態就給予報酬，若衝出賽道就給予懲罰，讓AI學習行動與賞罰的關係。**在模擬器上反覆學習後**，就能提升行駛精準度。

以此例而言，「⑥驗證AI模型精準度」是在既定賽道，以「抵達終點秒數」作為指標計算成績，而衝出賽道的次數等，也是驗證精準度的指標。此外，也會確認反覆學習後精準度的改善幅度。在參數不變下重複學習，改善幅度有限，當確定學習已經沒有進步空間時，請調整各種設定值，就能進一步提升精準度。

「⑦執行ＡＩ模型」這一步，會讓在模擬器上學習完畢的賽車，開上實際賽道。

「⑧上線運作、再度學習」會檢查實際賽道行駛表現，像是「分數如何」「是否出現與模擬器不同的行駛結果」等，反覆以模擬器再度學習，提升精準度。

以上述流程進行強化學習，就能「操控物體」，也就是執行型ＡＩ最主要的能力。

第五章　STEP③

磨練自己的AI企劃能力

How
AI & the Humanities Work
Together

ＡＩ企劃的「百案發想挑戰」

我們已經學會成為文科ＡＩ人才的「ＳＴＥＰ①ＡＩ的基礎」「ＳＴＥＰ②建立ＡＩ的方法」，接著進入「ＳＴＥＰ③磨練ＡＩ企劃力」。

相信「想得到的就做得到」

有多少人在十年前就預想得到ＡＩ會進化到這種程度呢？

過去科幻電影中對未來的想像，已藉由現代ＡＩ實現了一部分。隨著ＡＩ的發展與持續普及運用，現實生活會更接近過去所想像的未來世界。法國小說家儒勒．凡爾納（Jules Gabriel Verne）有著這麼一句話流傳後世：「**凡是人能夠想像得到的事物，必定有人能夠實現**」，ＡＩ也是一樣，讓我們以「凡是人能夠想像得到的ＡＩ，未來一定能實現」為前提，謹記不小看任何點子，著手進行ＡＩ企劃吧。

當我們開始不受拘束地想像運用ＡＩ的新世界，就更容易想出導入ＡＩ後，能帶來更大影響與變化的點子。

我推薦「百案發想挑戰」

能自由發想是一大重點，但為了在導入ＡＩ後帶給顧客、企業、員工等更大的改變，發想點子的「數量」也很重要。ＡＩ能實現各式各樣的事物，當我們越是思考「為了誰使用ＡＩ？」「使用ＡＩ的目的為何？」等，就越容易大量想出活用ＡＩ的點子。

在此，我推薦的是「**ＡＩ企劃百案發想挑戰**」。發揮想像力，針對ＡＩ能做的事、ＡＩ該做的事，總之想出越多越好。不同立場的人互相出點子，若能收集到五十～一百個不同觀點的點子，在這些大量產出的點子裡，一定會有富含潛力、能為世界帶來巨大變化的點子。

確保「變化量與可行性」

就變化量與可行性對點子清單評分

想出的ＡＩ點子就成列清單管理吧。首先，自由發想活用ＡＩ的企劃，先發散思考點子，等數量足夠後，再轉以執行角度收斂點子數量。

- 導入ＡＩ後的變化量
- 可行性

在點子清單加上「導入ＡＩ後的變化量」和「可行性」欄位，對每個點子評分。例如，點子一在導入ＡＩ後的變化量為◎，可行性為△；點子二在導入ＡＩ後的變化量為○，可行性為○等，針對預期狀態填入分數。若可行性低，就算能為社會帶來巨大改變，也不會是我們短期該深入研究的ＡＩ點子；而可行性高，但導入後改變幅度不大的點子，預期的導入成本效益低，我們也不該進一步研究。

透過這種評分方式，就能確保變化量與短期導入的可行性。

這裡的重點在於「**不高估也不低估ＡＩ的能力**」。

大家已經從本書學到ＡＩ的基礎知識，也已瞭解建立ＡＩ的方法。在下一章也會讓大家學習具體案例，相信能讓各位腦中對ＡＩ的模糊印象更加清晰。當我們越瞭解ＡＩ，就**越不會認為ＡＩ是萬能而高估ＡＩ**。除去那些對現代ＡＩ運用而言不切實際的ＡＩ企劃，才更容易想出實際可執行的ＡＩ點子。

另一方面，容我再次強調，我們必須避免學到ＡＩ基礎知識、瞭解案例資訊後，只在已知範圍內思考，小看活用ＡＩ的點子。要知道，在瞭解ＡＩ後可能產生副作用，造成ＡＩ企劃過於狹隘，限制了活用ＡＩ點子的中長期規劃。我們必須基於這個認知，不受限於現階段ＡＩ實際運用範例，盡量多提出變化量大的大膽企劃，**小心別低估ＡＩ的能力**。

切換理性與感性

如前述，只要不高估也不低估ＡＩ的能力，最後就能找出同時滿足變化量與可行性的點子。換言之，當我們企劃ＡＩ時，思考角度必須不停在理性與感

圖表5-1　交出優秀AI企劃的訣竅

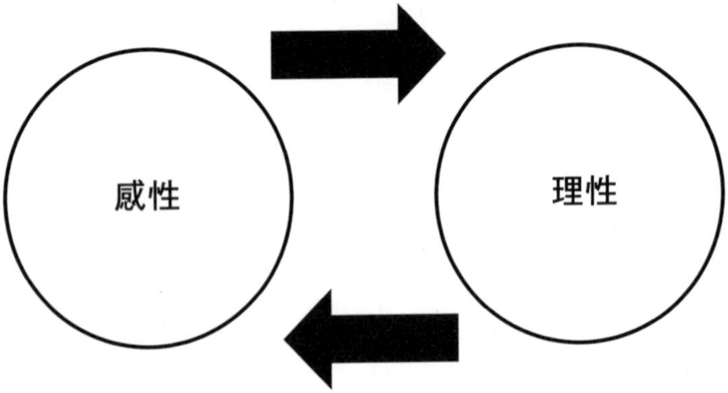

性間轉換。ＡＩ是新科技，現階段活用ＡＩ的例子都只是ＡＩ實力的一小部分而已。讓我們跳脫既存案例限制，從感性角度拓展點子發想範圍，並學習ＡＩ知識，具備從理性角度判斷的能力吧。

透過切換理性與感性角度，讓ＡＩ企劃發想不受侷限。

若能在這兩個角度間自如切換，就越能提高導入ＡＩ專案的價值（圖表5-1）。

圖表5-2　企劃的5W1H（再次刊載）

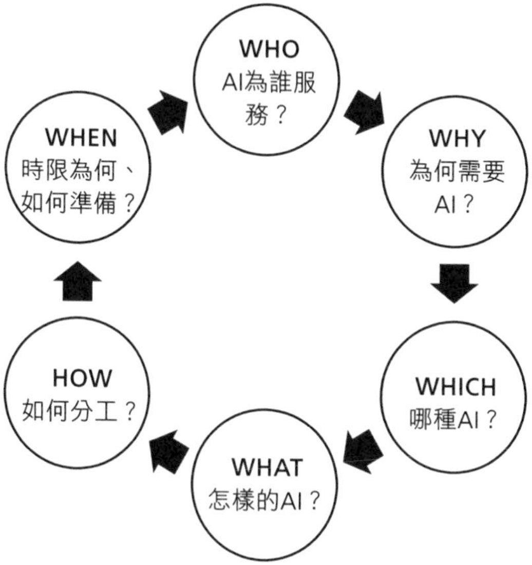

5W1H提升AI企劃內涵

前面已經談過兼顧感性與理性對AI企劃的重要性，接著將介紹如何深入探討AI企劃，提升計畫內涵的具體步驟。詳細擬定AI企劃的5W1H步驟如圖表5-2所示。

在大量發想點子的階段，因為拋開了各種顧慮，想出來的AI企劃都還只是大方向。透過5W1H步驟，讓AI企劃從模糊變具體。當企劃越明確，參與者們的理解度也越高，也更能看清專案風險與不確定性（圖表5-3）。

圖表5-3　縱觀5W1H

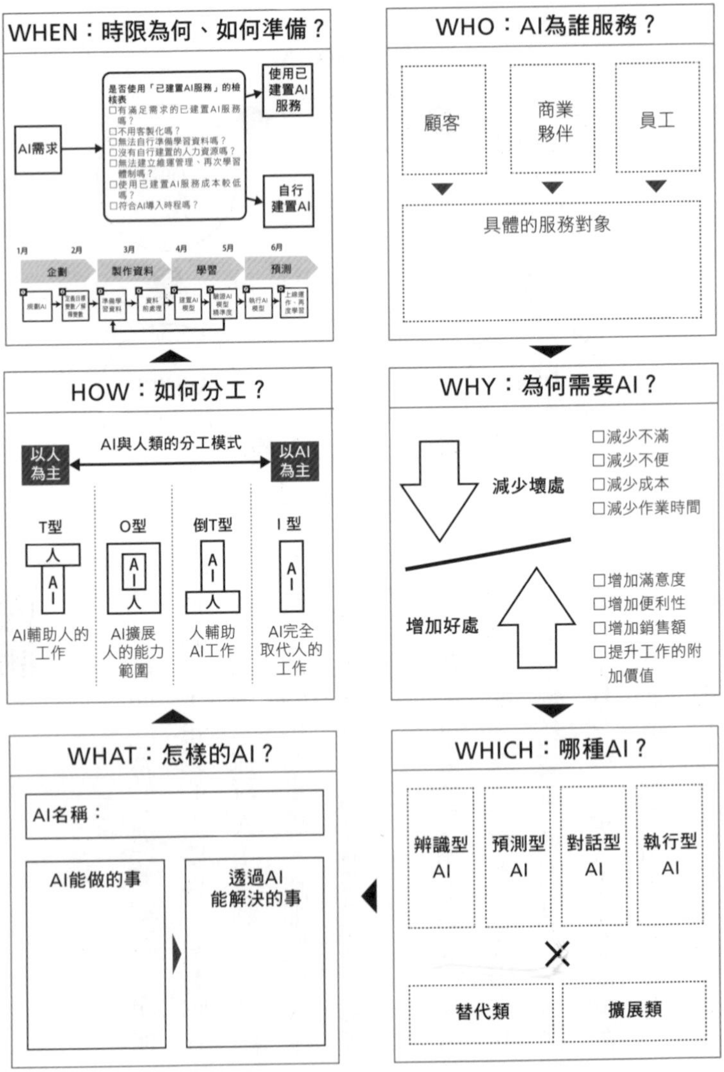
WHEN：時限為何、如何準備？
AI需求
是否使用「已建置AI服務」的檢核表
☐有滿足需求的已建置AI服務嗎？
☐不用客製化嗎？
☐無法自行準備學習資料嗎？
☐沒有自行建置的人力資源嗎？
☐無法建立維運管理、再次學習體制嗎？
☐使用已建置AI服務成本較低嗎？
☐符合AI導入時程嗎？
使用已建置AI服務
自行建置AI
1月
2月
3月
4月
5月
6月
企劃
製作資料
學習
預測
WHO：AI為誰服務？
顧客
商業夥伴
員工
具體的服務對象
WHY：為何需要AI？
減少壞處
☐減少不滿
☐減少不便
☐減少成本
☐減少作業時間
增加好處
☐增加滿意度
☐增加便利性
☐增加銷售額
☐提升工作的附加價值
HOW：如何分工？
AI與人類的分工模式
以人為主
以AI為主
T型
AI輔助人的工作
O型
AI擴展人的能力範圍
倒T型
人輔助AI工作
I型
AI完全取代人的工作
WHICH：哪種AI？
辨識型AI
預測型AI
對話型AI
執行型AI
替代類
擴展類
WHAT：怎樣的AI？
AI名稱：
AI能做的事
透過AI能解決的事

圖表5-4　WHO：AI為誰服務？

WHO：「AI為誰服務？」

提升AI企劃內涵的第一步是定義「AI為誰服務？」。以企業角度而言，就是從「顧客」「商業夥伴」「員工」這三大範圍決定AI的服務對象。

- **為了顧客**
- **為了商業夥伴**
- **為了員工**

或著說是：to C（Customer／顧客）、to B（Business Client／商業夥伴）、to E（Employee／員工）。在這一步驟，就是從上述企業利害關係人（stakeholder）中，決定AI的服務對象（圖表5-4）。

決定「顧客」「商業夥伴」「員工」中，哪

個是ＡＩ的服務對象後，必須再縮小範圍。例如決定「顧客」為服務對象後，再清楚訂出「ＡＩ要為顧客中哪些特定族群提供價值」「ＡＩ要解決誰的課題與不便」。建議要明確到像「客服中心來電諮詢的老顧客」「猶豫著該買哪種商品的顧客」這種程度。

若決定為「商業夥伴」，建議鎖定「新的商業合作夥伴」「商業夥伴中業務量前二十％的企業」等重要企業為佳。

若決定為「員工」發想ＡＩ企劃，則必須更仔細思考「ＡＩ為誰服務？」這個問題。為了員工導入ＡＩ，一如「學習『與ＡＩ共事』」所提，ＡＩ會大大改變人類的工作模式。特別是替代類ＡＩ，會取代現職員工部分或全部的工作，在立定計畫時也要將這部分納入考量。

此外，若是為了公共設施、學校、其他非公司的單位發想ＡＩ企劃，請從各組織的相關人員中，挑選出ＡＩ服務的對象，以此為立定計畫的起點。

ＷＨＹ：「為何需要ＡＩ？」

企業從「顧客」「商業夥伴」「員工」三大範圍決定ＡＩ服務對象、縮小

圖表5-5　WHY：為何需要AI？

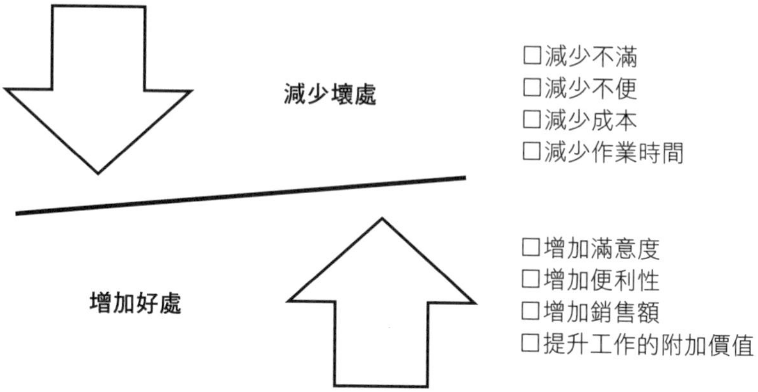

對象範圍後，或是非企業單位在選出AI服務對象後，接著要思考的是「為何需要AI？」。

設想服務對象會**因為AI「減少壞處」或「增加好處」**是最簡單的思考方式（圖表5-5）。

「減少壞處」包含減少不滿、減少不便、減少成本、減少作業時間。另一方面，「增加好處」則包含增加滿意度、增加便利性、增加銷售額、提升工作的附加價值。

當使用AI這類新技術時，免不了從技術理論角度開始思考，點子發想容易流於形式。為了跳脫思考框架，發想AI企劃時，建議從源頭思考「為何需要AI？為了什麼而需要AI？」。要像

「為了誰」×「為何？為了什麼？」而使用ＡＩ呢？

這樣同時考慮不同面向。如此一來，便能看清「為何？」的答案。

- 為了減少顧客的不滿
- 為了增加顧客的便利性
- 為了降低商業夥伴企業的成本
- 為了增加商業夥伴企業的銷售額
- 為了減少員工的作業時間
- 為了提升員工工作的附加價值

此外，構思企劃時，也可以從「從零開始創造」等其他角度，跳脫「減少壞處」「增加好處」這種改變現況的思考方式也不錯

雖然我們做企劃，從為誰、「為何？為了什麼？」思考是否使用ＡＩ。為了真正解決所面臨的課題，建議再次思考「不用ＡＩ不行嗎？」，或許還有比ＡＩ更好的解決方案。不需要什麼都以ＡＩ為前提，例如，若撰寫規則庫程式

比較簡單、又有較佳產出，則應採用這種方法才是。

減少壞處也好，增加好處也好，若預期的變化量小，ＡＩ能產生的價值也不會太大。**建議找出導入ＡＩ能帶來大幅改變的主題**。已判斷為導入ＡＩ變化量不大的企劃，必須暫緩實施。**別以納入ＡＩ為目的，而是一邊自問自答「為何需要ＡＩ？真的需要嗎？」**問題，一邊構思擬定企劃。

若大家瞭解到活用ＡＩ能解決重大社會課題與企業課題，消除眾人不便，該ＡＩ企劃想必能獲得廣泛支持、各方企劃督促實現。因此，請大家不要忘記**規劃一個能帶來最大變化量的ＡＩ**。

讓我們將企業與社會課題的重大程度與優先度納入考量，澈底調查有哪些問題該運用ＡＩ這個新科技解決。請找出在企業內部或社會中高優先度、高緊急度，且能帶來巨大變化的主題。

圖表5-6　WHICH：哪種AI？

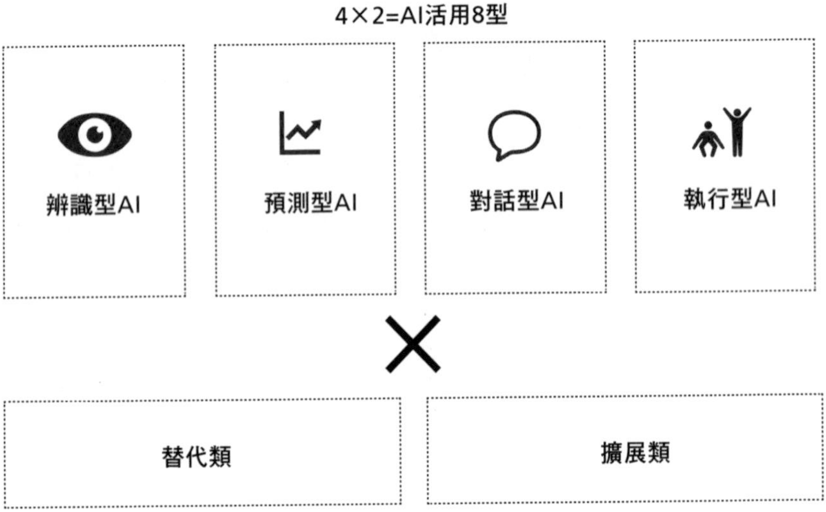

WHICH：「哪種AI？」

決定好WHO和WHY後，接著決定要使用哪種類型的AI。依待解課題，自然而然就能訂出可用AI類型。請大家試著從前面介紹過的「辨識型AI」「預測型AI」「對話型AI」「執行型AI」，與「替代類」「擴展類」排列組合而出的八種AI類型（圖表5-6），指定合適的AI。例如，

- 為了減少顧客的不滿，使用「執行型×替代類AI」
- 為了增加顧客的便利性，使用「對話型×擴展類AI」
- 為了降低商業夥伴企業的成

本，使用「辨識型×替代類ＡＩ」
- 為了增加與商業夥伴企業合作業務的銷售額，使用「預測型×替代類ＡＩ」
- 為了減少員工的作業時間，使用「對話型×替代類ＡＩ」
- 為了提升員工工作的附加價值，使用「預測型×擴展類ＡＩ」

等。像這樣思考

「為了誰」×「為何？為了什麼？」×「選哪種」ＡＩ來用呢？

就能增加企劃的深度。

讀到這裡，相信大家對ＡＩ更有概念了吧。下一個步驟將進一步決定使用怎樣的ＡＩ。

圖表5-7　WHAT：怎樣的AI？

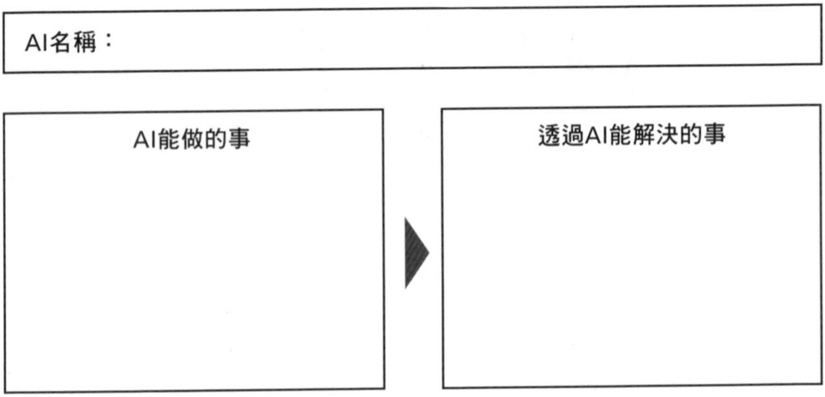

WHAT：「怎樣的AI？」

計劃好要建立「哪種ＡＩ？」後，接著是具體描述是「怎樣的ＡＩ？」，寫出「ＡＩ名稱」「ＡＩ能做的事」「透過ＡＩ能解決的事」（圖表5-7）

寫出是「怎樣的ＡＩ？」

①ＡＩ名稱
②ＡＩ能做的事
③透過ＡＩ能解決的事

例如，若是「為了提升員工工作的附加價值，使用預測型×擴展類ＡＩ」的企劃案，就寫出圖表5-8的內容。

我將這個客服中心話務量預測ＡＩ命名為「ＡＩ話務量預測小幫手」，我個人常給

圖表5-8　「WHAT：怎樣的AI？」例子

AI名稱：「AI話務量預測小幫手」　預測型 × 擴展類 AI

AI能做的事	▶	透過AI能解決的事
• 預測未來1個月日期別客服中心進話量 • 預測未來1個月日期別客服中心郵件數		• 最佳化客服中心未來一個月的員工班表 • 避免人力浪費，提升每人生產力 • 事先配置最佳電話與郵件負責人

AI取擬人化的名字，順口的名稱也讓AI更容易融入第一線業務中，希望大家都能替AI取個親切的名字。

取好名字後，再來是寫出「**AI能做的事**」。盡可能詳細寫出AI能做到的事。若為預測型AI，則詳細定義能以多久間隔、預測到多久以後等。

寫好「AI能做的事」後，接著寫「**透過AI能解決的事**」。寫的時候記得一邊對照服務對象（WHO）、為了什麼才建立AI（WHY），確認是否符合前面定義的條件。

在這個步驟寫出越多越好，當我們思考「是怎樣的AI？」，必須明確寫出「要建立能做什麼事、做到什麼程度的AI」。寫出越多越能激發新點子，同時加上可行性，

圖表5-9　HOW：如何分工？

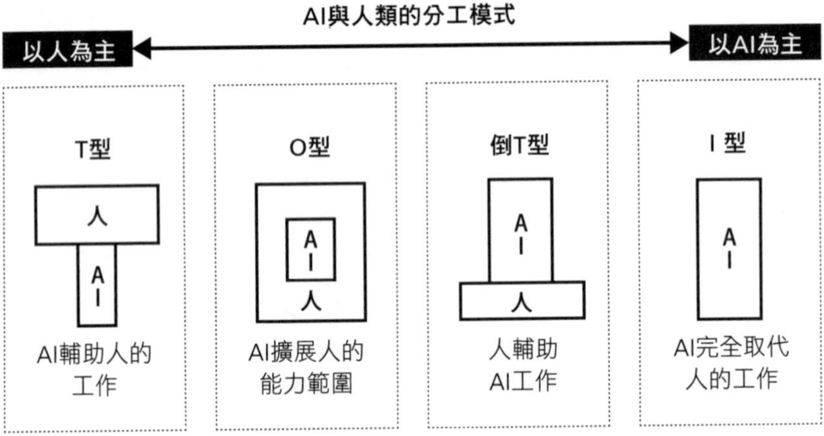

AI與人類的分工模式
以人為主
以AI為主
T型
人
AI
AI輔助人的工作
O型
AI
人
AI擴展人的能力範圍
倒T型
AI
人
人輔助AI工作
I 型
AI
AI完全取代人的工作

縮小點子範圍，也能確保有足夠的潛力企劃案。

HOW：「如何分工？」

確定使用「怎樣的ＡＩ？」後，接著決定ＡＩ與人「如何分工？」。前面也介紹過，ＡＩ與人的分工是以工作交由ＡＩ處理的比例分成數種模式，如圖表5-9。

除Ｉ型外，其他模式都是人與ＡＩ共同執行工作。我們要事先設想工作內容哪部分交由人類、哪部分交由ＡＩ，這樣一來，就不用再苦思如何讓ＡＩ涵蓋所有業務內容，也能降低實際運用ＡＩ的難度。此外，提升ＡＩ精準度有

圖表5-10　AI輔助人類工作的案例（T型）——前線受理問題的聊天機器人

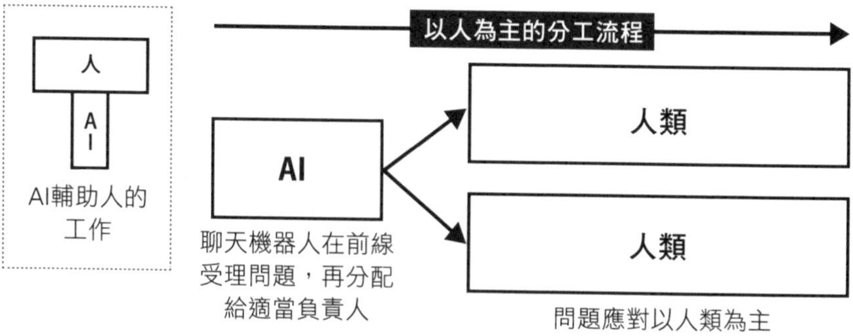

其上限，建議先將精準度提升至現實可行水準，再透過工作流程設計，由人補上不足的部分。

以下針對T型、O型、倒T型、I型，以具體案例說明人類與AI分工流程（圖表5-10、圖表5-11、圖表5-12、圖表5-13）

WHEN：「何時為止、如何準備？」

最後是計劃WHEN：「何時為止、如何準備？」

首先，我們必須**決定要「直接使用或自行建置」**。

要使用已上線提供的「已建置的AI服務」嗎？

或是自行建置AI呢？

圖表5-11　AI擴展人類能力範圍的案例（O型）——貨車的最佳路徑AI

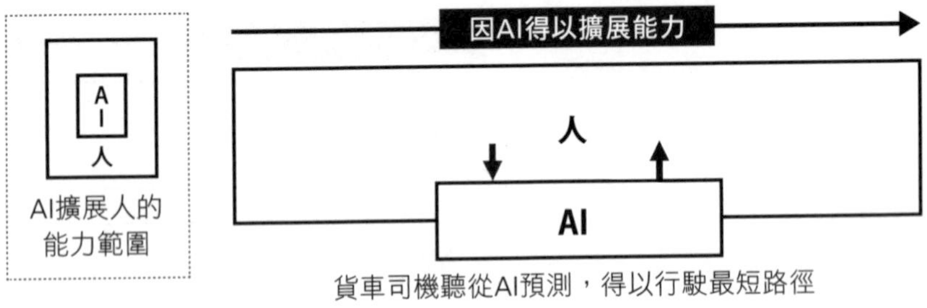

圖表5-12　人輔助AI工作的案例（倒T型）——逐字稿AI

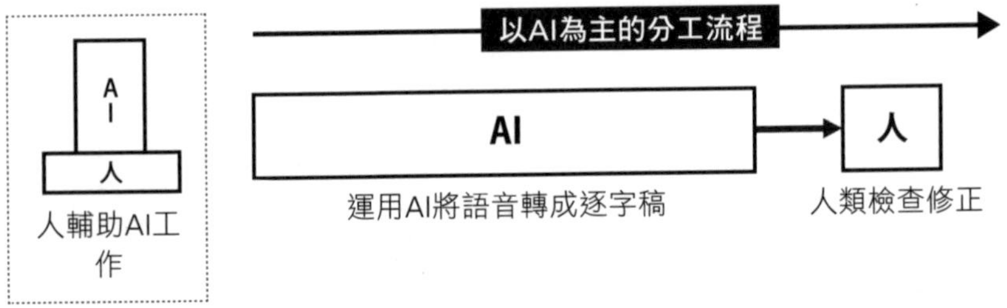

圖表5-13　AI完全取代人類工作的案例（I型）——深夜時段監視AI

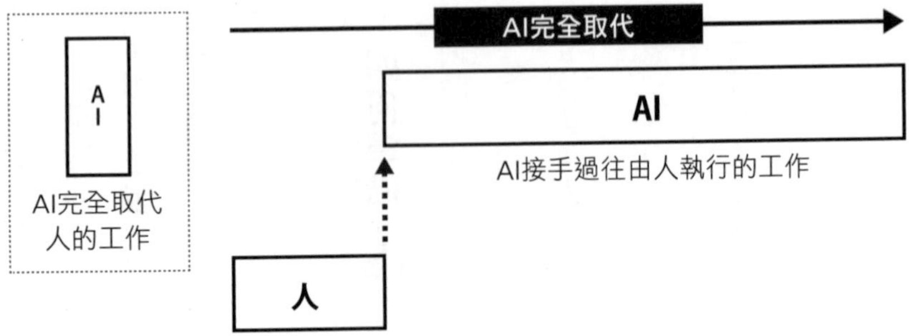

圖表5-14　WHEN：時限為何、如何準備？

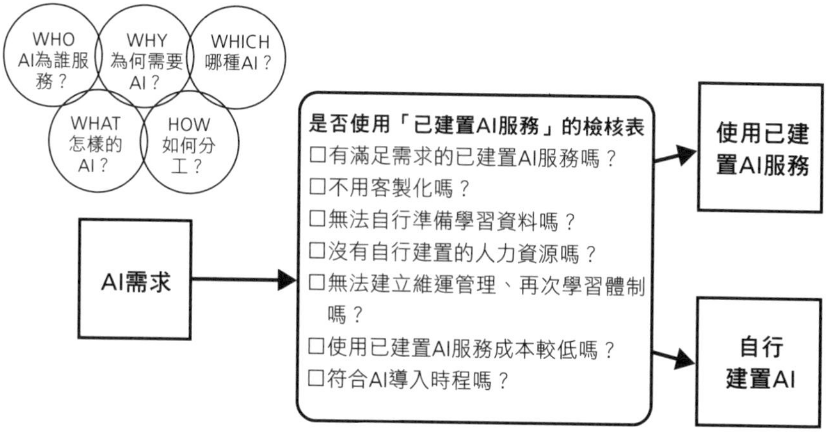

若有「已建置的ＡＩ服務」能滿足正在策劃的企劃內容，請考慮直接使用。

若「已建置的ＡＩ服務」的ＡＩ規格與想做的企劃內容一致，直接使用的話，初期建置費用與運作費用通常較為低廉，再次學習等定期維護也能交給服務供應者，讓我們能安心導入ＡＩ。

在考慮使用「已建置的ＡＩ服務」或是自行建置ＡＩ時，建議需要一一確認如圖表5-14的「檢核表」。

若決定自行建置ＡＩ，選擇自行撰寫程式或以ＧＵＩ工具建立ＡＩ模型，難易度與所需時程都不同，建議依照ＡＩ需求與自家公司狀況再行選擇。

若決定直接使用ＡＩ，我們就有各種選項。建議掌握各家「已建置的ＡＩ

圖表5-15　Amazon的「已建置」AI服務例子

	辨識型AI	預測型AI	對話型AI
替代類	**影像辨識** Amazon Rekognition（影像） 分析影像，偵測物品、人、文字、場景、動作，甚至還能偵測出不當內容。也能進行臉部辨識、臉部分析。 **運用AI進行OCR** Amazon Textract 只需要幾個小時，就能從數百萬文件中擷取出文字和資料，減少人工作業。	**運用AI解析情緒** Amazon Comprehend 運用自然語言處理擷取特定項目（entity）與分析情緒。從非結構性文字中擷取洞見與關係。	**語音化** Amazon Polly 語音轉文字 Amazon Transcribe 將語音轉換成文字的功能。例：活用AI的諮詢中心。 **對話型機器人** Amazon Lex 輕鬆建置聊天機器人。改善客服部門效率。
擴展類	**影片辨識** Amazon Rekognition（影片） 分析影片，捕捉場景中人物們的移動軌跡。例如，偵測運動選手在比賽中的動作，用於賽後檢討分析。	**需求預測引擎** Amazon Forecast 基於與Amazon.com相同的機器學習預測技術，建構正確的預測模型。 **個人化** Amazon Personalize 運用與Amazon.com相同的推薦系統，為顧客適切個人化	**自動翻譯** Amazon Translate 藉由既有效率又符合成本效益的翻譯，能以多語言接觸合作對象。

圖表5-16　AI建置專案粗估時程範例

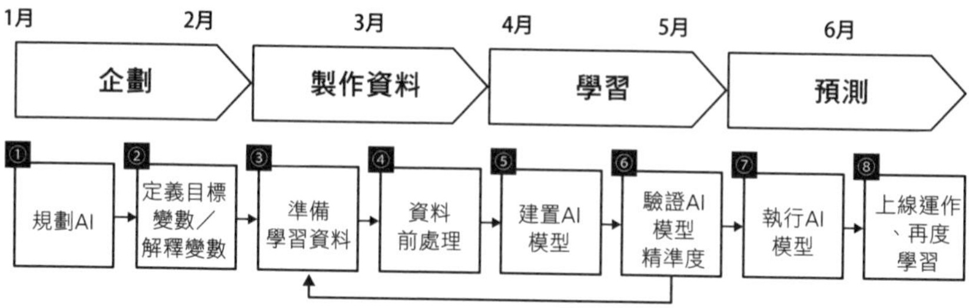

服務」能做到什麼、需要多少成本，再選出對自家公司的最佳選項（圖表5-15是Amazon的AI服務例子）。

決定好如何準備AI後，**就開始規劃時程吧**。若為現成AI（已建置的AI服務），就依照各服務導入步驟與期間規劃時程，請與現成AI服務提供商共同討論。

另一方面，若為自行建置，就要自己規劃專案時程。先概略做出像圖表5-16的AI專案建置時程表。接著，在執行專案時，必須再規劃出如圖表5-17的詳細時程表。

透過發想企劃的5W1H步驟，我們已經學到實際執行AI企劃的方法。隨所需AI不同，所介紹的方法步驟或許會多餘或不足，希望大家將之視為建立標準AI企劃的一般步驟。

此外，執行AI企劃時，發想的契機也可能是

圖表5-17　AI建置專案詳細時程範例

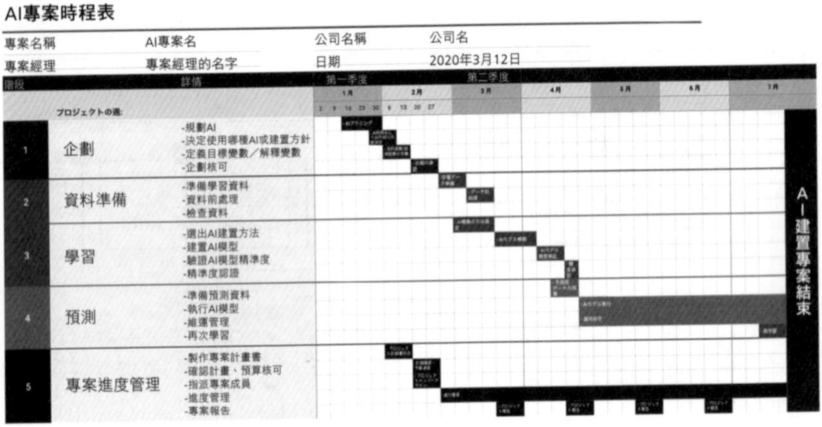
AI專案時程表
專案名稱
AI專案名
公司名稱
公司名
專案經理
專案經理的名字
日期
2020年3月12日
階段
詳情
第一季度
第二季度
1月
2月
3月
4月
5月
6月
7月
企劃
-規劃AI
-決定使用哪種AI或建置方針
-定義目標變數／解釋變數
-企劃核可
資料準備
-準備學習資料
-資料前處理
-檢查資料
學習
-選出AI建置方法
-建置AI模型
-驗證AI模型精準度
-精準度認證
預測
-準備預測資料
-執行AI模型
-維運管理
-再次學習
專案進度管理
-製作專案計畫書
-確認計畫、預算核可
-指派專案成員
-進度管理
-專案報告
AI建置專案結束

「AI：哪種AI？」（圖表5-18），此時只要以「哪種AI？」為起點繞一圈，只要不疏漏地將5W1H都思考過就OK。

為了不脫離「為了誰、為了什麼目的導入AI」的思考角度，本來就需要從所有觀點檢視企劃。

截至目前，我們為了成為「文科AI人才」，已依序從各章學到「STEP①AI基礎通通背起來」「STEP②概略理解建立AI的方法」「STEP③磨練AI企劃力」三個步驟。最後進入「STEP④澈底瞭解AI案例」作為總結。「瞭解AI案例」是為了成為「文科AI人才」的最

圖表5-18　無論從哪裡開始思考，都要繞一圈

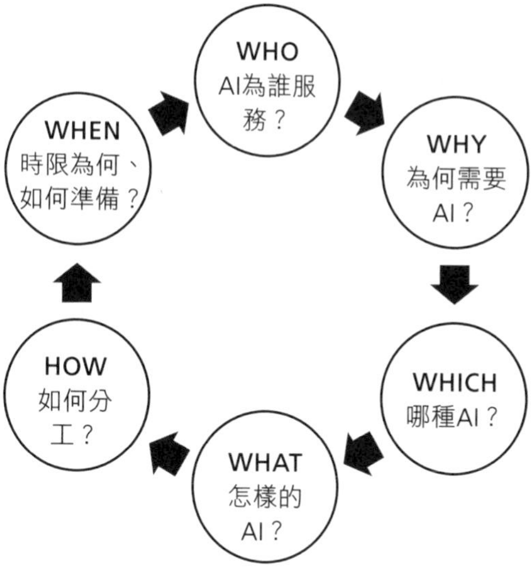

後一步，透過具體案例，相信也能增強我們對前三步驟的理解。

下一章介紹的案例，是依不同行業與活用AI類別來分類，並以本章所介紹的AI企劃發想要素加以解說，包含：「WHAT：怎樣的AI？」「WHO：AI為誰服務？」「WHY：為何需要AI？」「WHICH：哪種AI？」，希望大家能更深入學習案例。

第六章 STEP④

澈底瞭解AI
——按行業 × 活用類型的四十五個案例

How
AI & the Humanities Work
Together

	辨識型AI	預測型AI	對話型AI	執行型AI
外食、 食品、 農業	•日本Kewpie Corporation，以AI食品原料檢查設備挑出不良品 •日本電通，以AI評斷野生鮪魚品質	•日本SoftBank出資的Plenty，能調整農作物風味的AI室內農場	•LINE Corporation日本分公司，能處理餐廳預約的日文語音AI服務	•中國 京東（JD .com），運用機器人自動化烹飪、上餐、點餐、結帳
金融、 保險	•日本Seven Bank，搭載人臉辨識的次世代ATM	•日本JCB，以AI輔助保險銷售，根據使用紀錄鎖定潛在顧客 •日本瑞穗銀行，開始驗證活用AI的個人化服務		
醫療、 長照、 專業人士		•日本EXAWIZARDS，與日本神奈川縣合作，著手實證測試「預測長照需求等級」AI •日本GVA TECH，AI CON：「輔助立定與審閱契約書的AI服務」	•日本Ubie，提升醫療第一線工作效率的AI問診	
人才、 教育		•日本SoftBank，以AI提升新人招募效率 •日本atama plus，最佳化每個人的學習	•日本AEON會話教室等，以AI評價英語發音	
客服中心		•日本Kanden CS Forum，以AI預測客服中心話務量 •日本transcosmos，預測準備離職者，半年就讓離職者減半	•日本KARAKURI，保證準確率九十五%的聊天機器人 •日本KARAKURI，保證準確率九十五%的聊天機器人	
生活服務、 警衛、 公共事業	•日本埼玉市，運用空拍照片比對AI，調查固定資產稅 •日本ALSOK，AI自動偵測需要協助者	•日本氣象協會，每小時降雨量預測		

圖表6-1　按行業、活用AI類型分類的案例一覽表

	辨識型AI	預測型AI	對話型AI	執行型AI
流通、零售	•日本TRIAL，運用自行研發的AI攝影機，運用使用者辨識功能促銷與補貨 •日本JINS，由AI推薦合適風格	•日本LAWSON，根據AI規劃展店		•日本三菱商事和LAWSON，運用AI節省超商用電
EC、IT	•日本ZOZO，活用AI的「搜尋類似品項功能」，網站停留時間增為四倍		•日本LOHACO，以聊天機器人「Manami」回應五成客戶諮詢	
時尚	•法國Heuritech，從社群媒體照片預測時尚流行趨勢 •美國The take AI，偵測影片內的服飾，列出相似商品，並可直接購買	•日本STRIPE INTERNATIONAL INC.，以需求預測AI，持續縮減庫存至原有八成 •日本ZOZOUSED，導入二手衣鑑價AI		
娛樂、媒體	•日本經濟新聞，以AI讀取一百年份的紙本報紙，精準度達九十五%	•日本福岡軟銀鷹，販售浮動價格AI門票	•中國國營媒體新華社，AI合成女主播	•日本富士通，新聞摘要AI系統
運輸、物流	•日本佐川急便，AI自動輸入託運單資料	•日本日立製作所與三井物，用AI制定配送計畫，實現智慧物流		•中國京東（JD.com），自動化物流倉儲，比人工多十倍處理能力
汽車、交通		•日本NTT DOCOMO，發展AI計程車，載客需求預測精準度達九十三～九十五%		•日本豐田汽車，雙重安全保障：自動駕駛與駕駛輔助系統
製造、資源	•日本JFE Steel，以人物偵測AI保障作業員安全	•韓國LG，以針對家電設計的AI輔助日常生活		•日本普利司通，推動AI工廠，大量生產高品質輪胎
不動產、營造			•日本大京集團，計劃導入AI管理員	•日本西松建設，導入能記得生活習慣的智慧住宅AI

流通、零售

日本TRIAL 運用自行研發的ＡＩ攝影機，運用使用者辨識功能促銷與補貨

辨識型 × 替代類

案例概要

- TRIAL company 總公司設於日本福岡，以廉價零售商（discount store）為主要核心業務，拓展事業版圖
- 二〇一八年開始，在廉價零售商店內架設七百台**ＡＩ攝影機**
- 透過ＡＩ攝影機分析**顧客動態與商品架**等
- 研發**原創ＡＩ攝影機**
- **辨識性別與辨識是否推著大型購物車**，在店內看板投放最佳廣告
- 運用ＡＩ攝影機**管理缺貨、補貨**，提升員工工作效率
- 引進**一百台以上**裝有平板電腦且**具備自動收銀功能的智慧購物車**
- 與其他店相比，智慧購物車**節省了二十％的人事費用**
- 能根據歷史消費紀錄**發放折價券**

能解決的事　**提升客單價／增加員工工作效率**

（資料來源）https://www.itmedia.co.jp/business/articles/1904/24/news020.html

圖表6-2　TRIAL company 自行研發的「AI攝影機」

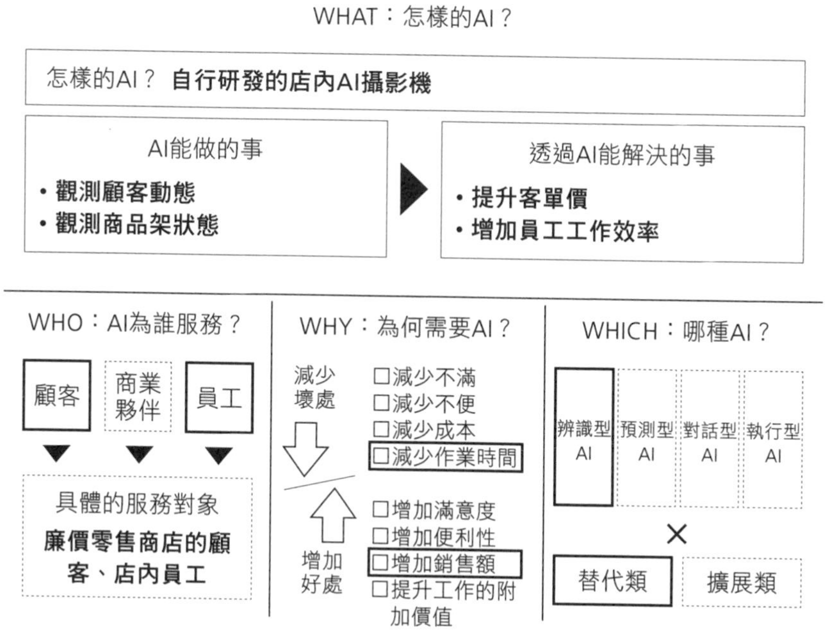
WHAT：怎樣的AI？
怎樣的AI？ 自行研發的店內AI攝影機
AI能做的事
• 觀測顧客動態
• 觀測商品架狀態
透過AI能解決的事
• 提升客單價
• 增加員工工作效率
WHO：AI為誰服務？
顧客
商業夥伴
員工
具體的服務對象
廉價零售商店的顧客、店內員工
WHY：為何需要AI？
減少壞處
□減少不滿
□減少不便
□減少成本
□減少作業時間
增加好處
□增加滿意度
□增加便利性
□增加銷售額
□提升工作的附加價值
WHICH：哪種AI？
辨識型AI
預測型AI
對話型AI
執行型AI
×
替代類
擴展類

流通、零售

日本LAWSON根據AI規劃展店

預測型 × 擴展類

案例概要

- 過去資訊蒐集與展店決策都由人工進行
- AI學習人口、車流量、學校或醫院資訊，**預測店鋪一日銷售額**
- 同時參考相似店鋪的銷售額，以AI**預測收益表現**

能解決的事　**找出銷售額高的展店地點**

「目前LAWSON的展店計畫，是由負責人花費時間與勞力，蒐集當地資訊，並判斷是否符合收益預期。導入AI後，只要讀取周邊人口與家戶的分布傾向、車流量、學校與醫院的地理位置等資料，就能預測一日銷售額。分析結果也應用在打造在地化賣場，若預測銷售額未達一定標準，則放棄於該地展店。

日本7-ELEVEN現有店鋪數量超過兩萬間，日本全家約有一萬七千多間，而LAWSON只有約一萬三千多間，在規模上略遜一籌。截至二〇一七年十二

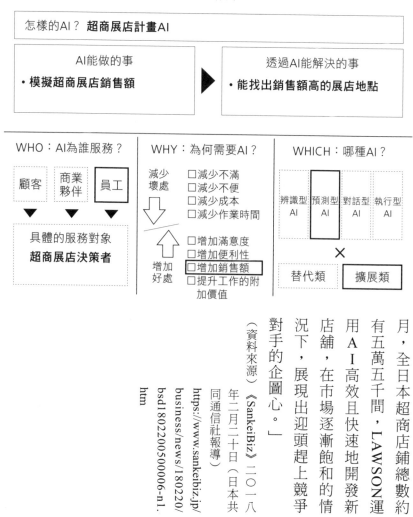

圖表6-3　LAWSON「預測收益、展店決策」

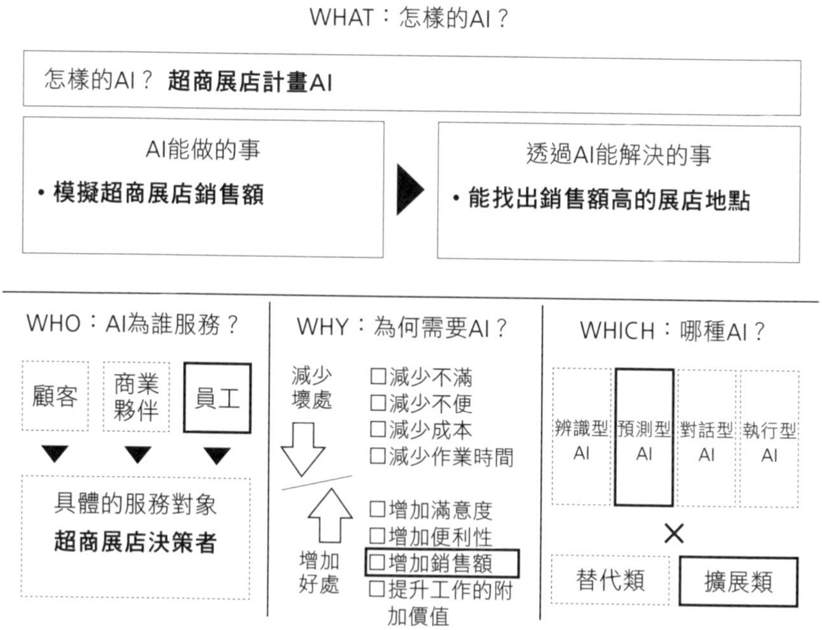
WHAT：怎樣的AI？
怎樣的AI？ 超商展店計畫AI
AI能做的事
・模擬超商展店銷售額
透過AI能解決的事
・能找出銷售額高的展店地點
WHO：AI為誰服務？
顧客
商業夥伴
員工
具體的服務對象
超商展店決策者
WHY：為何需要AI？
減少壞處
□減少不滿
□減少不便
□減少成本
□減少作業時間
增加好處
□增加滿意度
□增加便利性
□增加銷售額
□提升工作的附加價值
WHICH：哪種AI？
辨識型AI
預測型AI
對話型AI
執行型AI
×
替代類
擴展類

月，全日本超商店鋪總數約有五萬五千間，LAWSON運用AI高效且快速地開發新店鋪，在市場逐漸飽和的情況下，展現出迎頭趕上競爭對手的企圖心。」

（資料來源）《SankeiBiz》二〇一八年二月二十日（日本共同通信社報導）https://www.sankeibiz.jp/business/news/180220/bsd1802200500006-n1.htm

流通、零售

日本JINS
由ＡＩ推薦合適風格

辨識型 × 替代類

案例概要

- 建置了運用深度學習的ＡＩ**智慧配鏡系統**「JINS BRAIN」
- 由三千位員工判讀三十萬筆資料後建置ＡＩ
- 提供**配戴適合度**服務
- 所有店面配置iPad
- 日本上野店則裝設大型智慧鏡子

能解決的事　**找出適合自己的眼鏡**

（資料來源）https://www.jins.com/jp/topics_detAIl.html?info_ID=150

圖表6-4　JINS「以AI量化適合度」

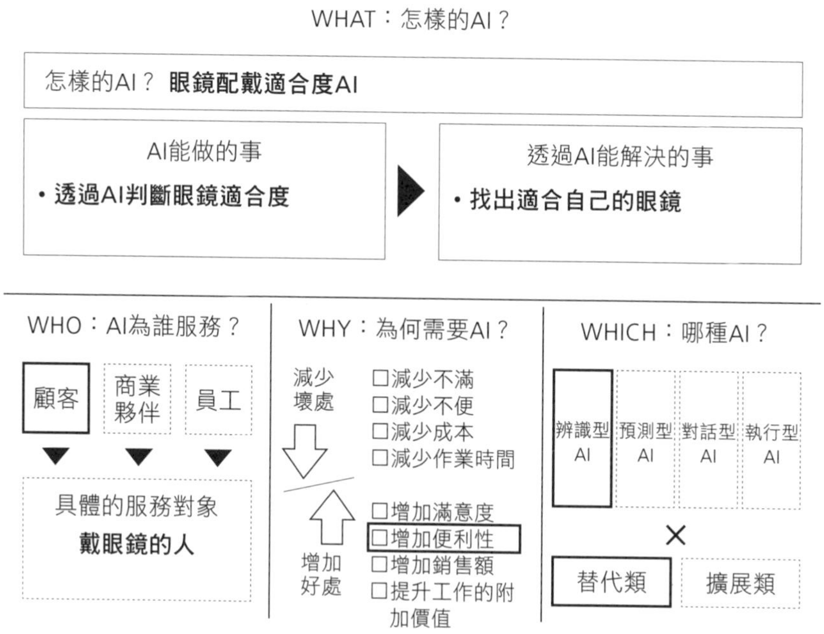
WHAT：怎樣的AI？
怎樣的AI？ 眼鏡配戴適合度AI
AI能做的事
・透過AI判斷眼鏡適合度
透過AI能解決的事
・找出適合自己的眼鏡
WHO：AI為誰服務？
顧客
商業夥伴
員工
具體的服務對象
戴眼鏡的人
WHY：為何需要AI？
減少壞處
□減少不滿
□減少不便
□減少成本
□減少作業時間
增加好處
□增加滿意度
□增加便利性
□增加銷售額
□提升工作的附加價值
WHICH：哪種AI？
辨識型AI
預測型AI
對話型AI
執行型AI
×
替代類
擴展類

流通、零售

日本三菱商事和LAWSON運用AI節省超商用電

執行型 × 替代類

案例概要

- 以電力需求**預測AI**，對各店鋪下達省電指示
- AI學習**過往用電狀況與氣象預報**
- **調暗店鋪燈光，改變空調溫度設定**
- 開始省電前**透過平板通告各店**，店家可選擇接受或拒絕。
- 預計二〇二一年三月底前拓展至全國五千家分店，目標是**減少數億日圓年度電費額度**。

能解決的事

節省超商電費

「日本三菱商事與LAWSON集中控制超商用電，著手抑制電費。預計在二〇二一年三月底將有五千家店鋪以網路相連，活用人工智慧（AI）控制空調與照明的系統建置完成。預計每年能減少數億日圓的電費。透過統一管理加盟店用電，以期店鋪經營更有效率。

三菱商事與LAWSON共同出資創建的電力零售公司MC Retail Energy Co., Ltd.（日本東京，港區），負責各店鋪供電。運用自行開發的電力需求預測系統，指示各店鋪節省用電。ＡＩ分析過去用電狀況與氣象預報資料，在不影響營業下，調暗燈光，或是改變空調溫度設定。

省電指示會在開始前十分鐘送達各店鋪平板裝置，店經理可以當場決定接受或拒絕，若接受指令，則空調與照明會自動切換設定，無須自行操作。在零售連鎖店中，集中控制多家店鋪用電的機制十分罕見」

（資料來源）《日本經濟新聞》二〇一八年十月三十日早報

圖表6-5　日本三菱商事和LAWSON「節省5000家超商用電」

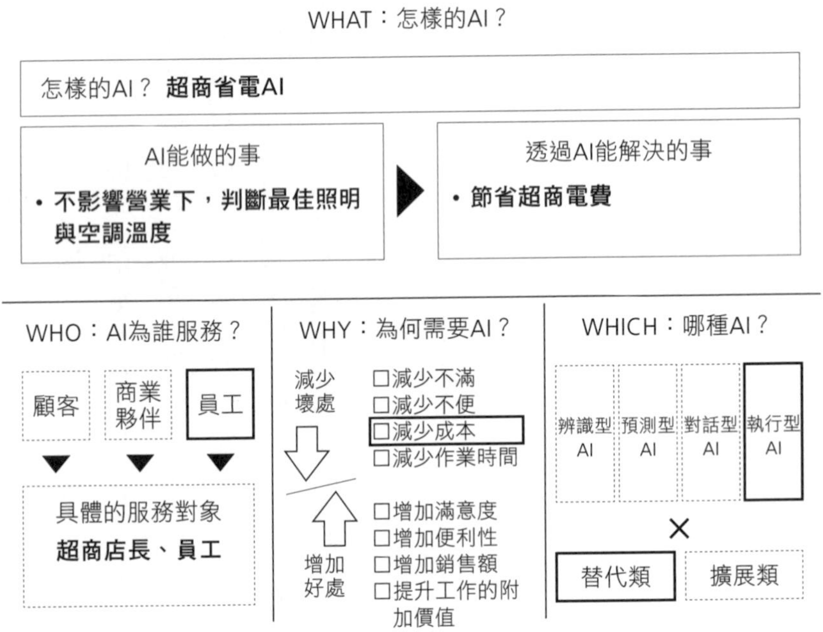
WHAT：怎樣的AI？
怎樣的AI？ 超商省電AI
AI能做的事
• 不影響營業下，判斷最佳照明與空調溫度
透過AI能解決的事
• 節省超商電費
WHO：AI為誰服務？
顧客
商業夥伴
員工
具體的服務對象
超商店長、員工
WHY：為何需要AI？
減少壞處
□減少不滿
□減少不便
□減少成本
□減少作業時間
增加好處
□增加滿意度
□增加便利性
□增加銷售額
□提升工作的附加價值
WHICH：哪種AI？
辨識型AI
預測型AI
對話型AI
執行型AI
×
替代類
擴展類

EC、IT

日本ZOZO活用ＡＩ的「搜尋類似品項功能」，網站停留時間增為四倍

辨識型 × 替代類

案例概要

- 在ZOZOTOWN網站設置**搜尋類似品項功能**
- 使用者**停留時間增為四倍**
- ＡＩ根據瀏覽中商品的形狀、質感、顏色、花樣等，**找出類似商品**，顯示於頁面
- 過去只靠顏色、關鍵字的搜尋方法，很難找到心目中所想樣的商品，也**透過本案例ＡＩ獲得改善**

能解決的事　**以類似商品推薦功能改善購物體驗／過去難以搜尋的商品也更容易找到，進而提升銷售額。**

（資料來源）ryutsu.biz/it/l082719.html

圖表6-6　點選就能搜尋類似商品

點選畫面中的圖片搜尋icon　　就會顯示所有相似商品

（ZOZO 提供）

圖表6-7　日本ZOZO「類似品項搜尋功能」

WHAT：怎樣的AI？

怎樣的AI？ **搜尋類似品項AI**

AI能做的事

- **能根據顏色、形狀等找出類似品項**

▶

透過AI能解決的事

- **以類似商品推薦功能改善購物體驗**
- **過去難以搜尋的商品也更容易找到，進而提升銷售額。**

WHO：AI為誰服務？

顧客　商業夥伴　員工

具體的服務對象
時尚愛好者

WHY：為何需要AI？

減少壞處
□減少不滿
□減少不便
□減少成本
□減少作業時間

增加好處
□增加滿意度
□增加便利性
□增加銷售額
□提升工作的附加價值

WHICH：哪種AI？

辨識型AI　預測型AI　對話型AI　執行型AI

×

替代類　擴展類

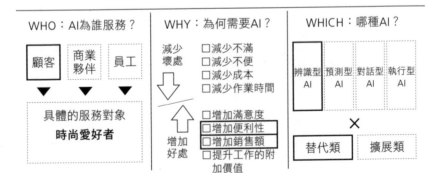

EC、IT

日本LOHACO以聊天機器人「Manami」回應五成客戶諮詢

對話型 × 替代類

案例概要

- LOHACO的聊天機器人在導入初期，**消費者利用率不佳**，但採用原創角色「Manami」後，**改善了利用率**
- 包含電話、郵件，**所有客戶諮詢中的五成**由Mamami回應
- 在客服中心**非工作時段與深夜時段**也都能回應
- 換算成客服專員工作量，相當於**每月十人份以上**
- 是輸入問題**搜尋符合答案**的規則式（rule-based）機制
- 「**命中率**」**目標為九十二%**。（「命中率（hit rate）」為能否針對問題回應的指標）
- 在Line版本的聊天室有個機制：若回應滿意度調查中勾選了「低」，就**會切換至專人聊天室**。

能解決的事　**減少員工工作時間／深夜時段也能回應**

（資料來源）https://xtrend.nikkei.com/atcl/contents/18/00130/00001/

圖表6-8　日本LOHACO「挽救人才不足局面的聊天機器人」

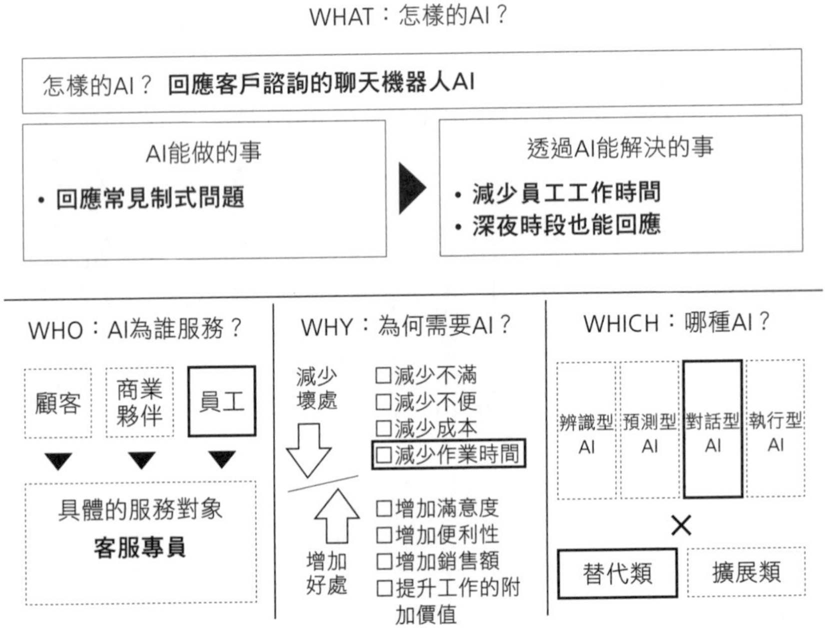
WHAT：怎樣的AI？
怎樣的AI？ 回應客戶諮詢的聊天機器人AI
AI能做的事
• 回應常見制式問題
透過AI能解決的事
• 減少員工工作時間
• 深夜時段也能回應
WHO：AI為誰服務？
顧客
商業夥伴
員工
具體的服務對象
客服專員
WHY：為何需要AI？
減少壞處
□減少不滿
□減少不便
□減少成本
□減少作業時間
增加好處
□增加滿意度
□增加便利性
□增加銷售額
□提升工作的附加價值
WHICH：哪種AI？
辨識型AI
預測型AI
對話型AI
執行型AI
×
替代類
擴展類

時尚

法國Heuritech
從社群媒體照片預測時尚流行趨勢

辨識型 × 擴展類

案例概要

- 法國Heuritech分析部落格等**社群媒體的每日發文**
- 從照片與文字資料，篩選出品牌、商品、網路意見領袖
- 開發**預測流行趨勢**的ＡＩ系統
- 也有裙裝**銷售額成功提升十二%**的例子，Louis Vuitton、Dior等許多企業都成為客戶

能解決的事　**觀察並預測時尚流行趨勢**

（資料來源）
https://ftn.zozo.com/n/nf9404a0b17fb?creator_urlname=831mo917
https://fashnerd.com/2019/01/french-startup-heuritech-wants-to-help-fashion-brands-makeclothes-that-customers-want/

圖表6-9　法國Heuritech「從社群媒體照片預測時尚流行趨勢」

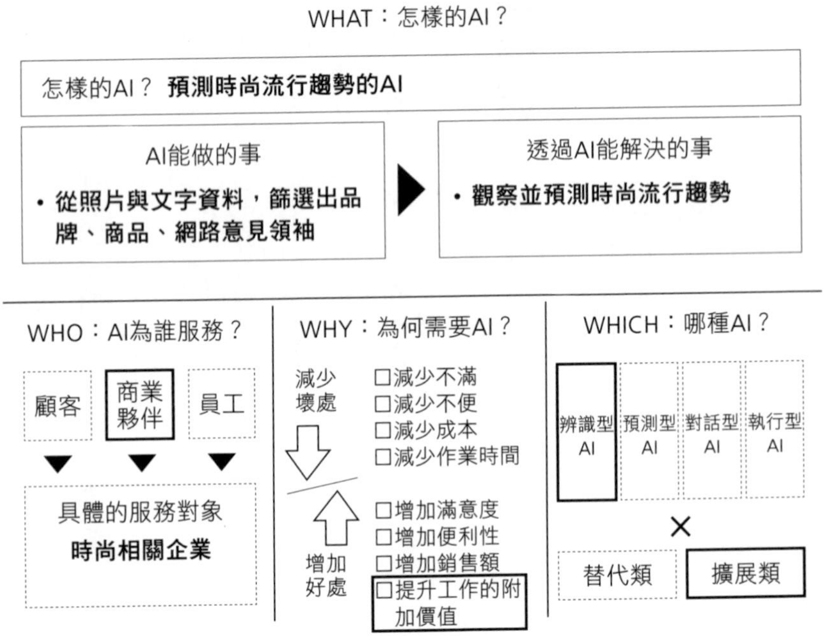
WHAT：怎樣的AI？
怎樣的AI？ 預測時尚流行趨勢的AI
AI能做的事
• 從照片與文字資料，篩選出品牌、商品、網路意見領袖
透過AI能解決的事
• 觀察並預測時尚流行趨勢
WHO：AI為誰服務？
顧客
商業夥伴
員工
具體的服務對象
時尚相關企業
WHY：為何需要AI？
減少壞處
□減少不滿
□減少不便
□減少成本
□減少作業時間
增加好處
□增加滿意度
□增加便利性
□增加銷售額
□提升工作的附加價值
WHICH：哪種AI？
辨識型AI
預測型AI
對話型AI
執行型AI
×
替代類
擴展類

時尚

美國The take AI偵測影片內的服飾，列出相似商品，並可直接購買

辨識型 × 擴展類

案例概要

- The take AI能偵測出影片中的人物，也能**偵測出他們所穿著的服飾**
- 偵測到服飾後，**顯示相似品項**
- 能**顯示影片中每個人物**服裝的相似品項
- 也能**透過APP直接購買**

能解決的事　**得知與影片內人物服飾相似品項／能直接購買**

（資料來源）https://thetake.ai/

圖表6-10　美國The take AI「偵測影片內服飾的AI」

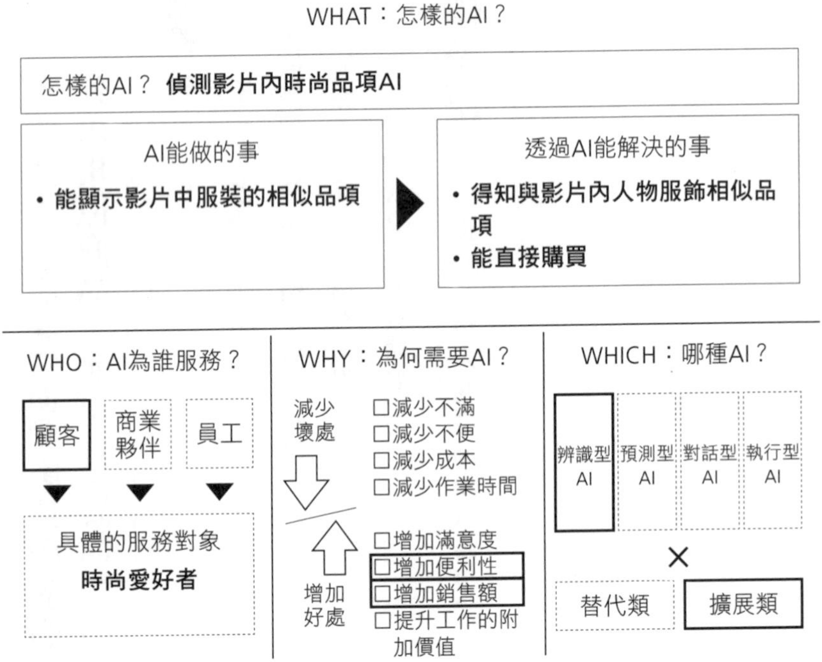
WHAT：怎樣的AI？
怎樣的AI？ 偵測影片內時尚品項AI
AI能做的事
• 能顯示影片中服裝的相似品項
透過AI能解決的事
• 得知與影片內人物服飾相似品項
• 能直接購買
WHO：AI為誰服務？
顧客
商業夥伴
員工
具體的服務對象
時尚愛好者
WHY：為何需要AI？
減少壞處
□減少不滿
□減少不便
□減少成本
□減少作業時間
增加好處
□增加滿意度
□增加便利性
□增加銷售額
□提升工作的附加價值
WHICH：哪種AI？
辨識型AI
預測型AI
對話型AI
執行型AI
×
替代類
擴展類

時尚

日本STRIPE INTERNATIONAL INC.以需求預測ＡＩ，持續縮減庫存至原有八成

預測型 × 擴展類

案例概要

- 對旗下主品牌EARTH MUSIC&ECOLOGY，實驗**運用ＡＩ縮減庫存**
- **改善折扣率十四個百分點至五十四%**，限時特賣時間也**減少四成**等，證實了ＡＩ的成效。
- 透過ＡＩ實驗，對於個別店鋪的配貨模式，也從過去市中心型與郊區型兩種，更**細分至八種模式**
- 計劃將庫存持續**縮減至八成，刪減採購額三百五十億日圓**

能解決的事　**縮減不必要的庫存以降低成本**

「STRIPE INTERNATIONAL GROUP發表了二〇二〇年一月期（2019/2/1～2020/1/31）年度事業策略主軸，以ＡＩ（人工智慧）縮減庫存。（中略）自二〇一八年八月開始，對主要品牌『EARTH MUSIC&ECOLOGY（以下稱EARTH）』展開實驗，透過ＡＩ分析資料，管理庫存。

成果是『EARTH』在二〇一九年一月特賣期間，『改善折扣率十四個百分點至五十四%，限時特賣時間也減少四成』。（中略）

透過這次實驗，大致掌握了最佳化折扣率的做法，決定自二月起將ＡＩ分析推廣至日本國內所有品牌，是ＡＩ達成了刪減採購額三百五十億日圓這項成績。關於個別店鋪的商品配給，過去只有市中心型與郊區型兩種模式，造成配貨無效率。這次依照『EARTH』實驗ＡＩ的分析結果，將商品配給模式進一步細分成八種。」

（資料來源）《INFAS PUBLICATIONS WWD JAPAN》STRIPE於二〇二〇年一月期透過ＡＩ縮減庫存至八成，事業觸角也延伸至音樂產業
二〇一九年一月三十一日
https://www.wwdjapan.com/articles/786161

圖表6-11　STRIPE「預測需求縮減庫存」

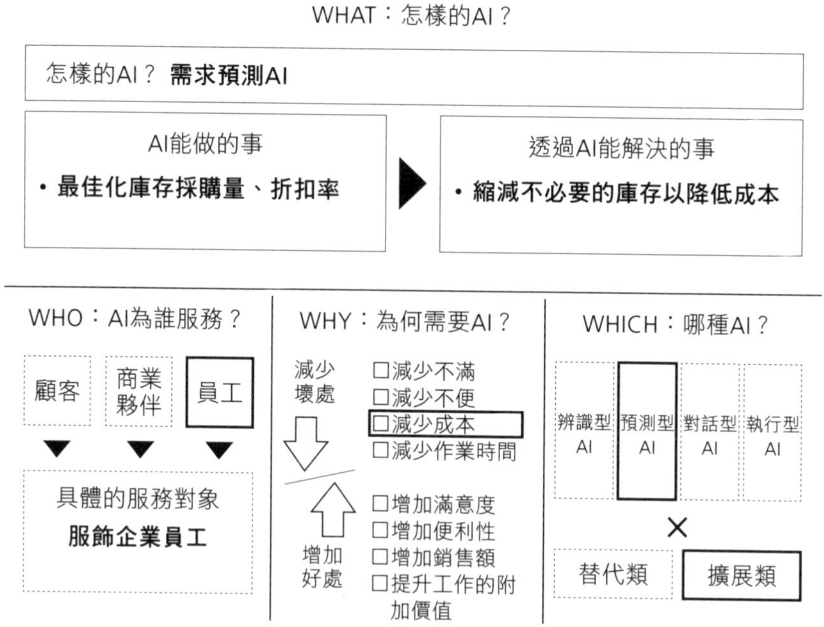
WHAT：怎樣的AI？
怎樣的AI？ 需求預測AI
AI能做的事
・最佳化庫存採購量、折扣率
透過AI能解決的事
・縮減不必要的庫存以降低成本
WHO：AI為誰服務？
顧客
商業夥伴
員工
具體的服務對象
服飾企業員工
WHY：為何需要AI？
減少壞處
□減少不滿
□減少不便
□減少成本
□減少作業時間
增加好處
□增加滿意度
□增加便利性
□增加銷售額
□提升工作的附加價值
WHICH：哪種AI？
辨識型AI
預測型AI
對話型AI
執行型AI
×
替代類
擴展類

時尚

日本ZOZOUSED導入二手衣鑑價ＡＩ

預測型 × 替代類

案例概要

- ZOZOUSED運用ＡＩ，解決缺乏商品管理資訊的**二手衣標價課題**
- **活用**ZOZO集團內部Big Data建置ＡＩ模型
- 過去鑑價僅根據二手衣的品牌、類別、衣服狀態，導入ＡＩ模型後就能進行高精準度鑑價
- 導入ＡＩ模型後，**標價命中率提升至導入前的一點五倍**
- **平均收購單價增加了兩百～三百日圓**，提升賣家販賣動機

能解決的事　**收購價格增加，提升二手衣賣家販賣動機**

（資料來源）https://news.mynavi.jp/article/20190709-848562/

圖表6-12　根據銷售資料預測二手衣標價

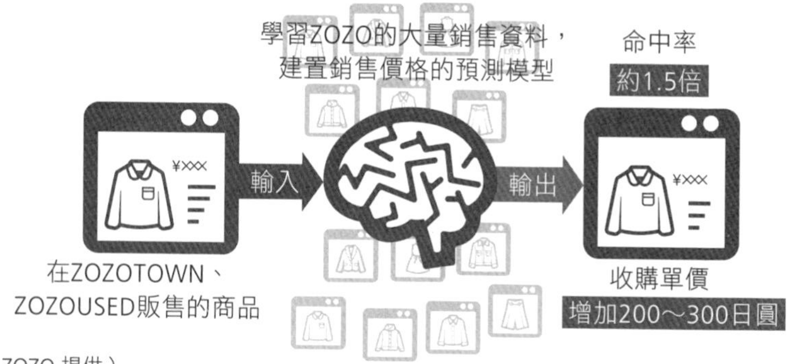

（ZOZO 提供）

圖表6-13　日本ZOZOUSED「二手衣鑑價」

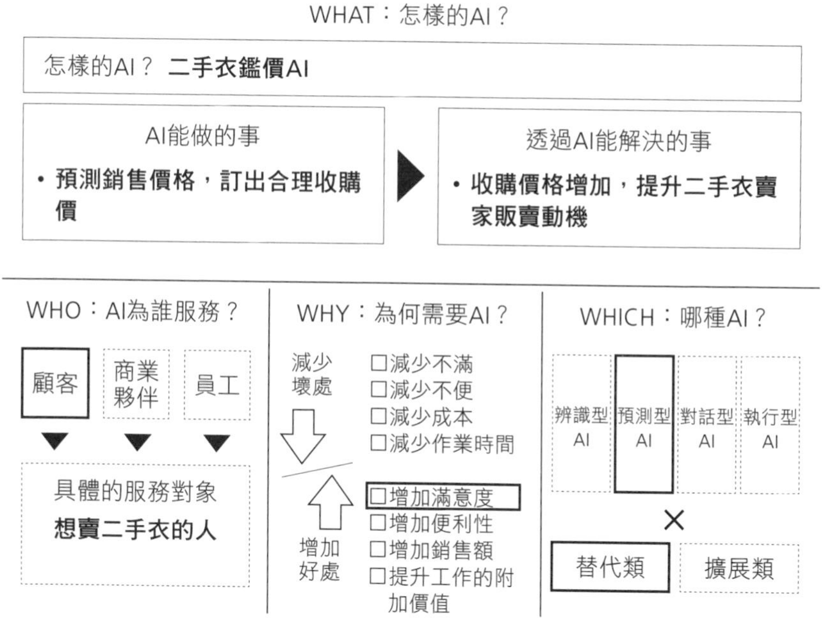

娛樂、媒體

日本經濟新聞 以ＡＩ讀取一百年份的紙本報紙，精準度達九十五%

辨識型 × 替代類

案例概要

- 將一八七六年創刊到一九七〇年代**近一百年份的紙本報紙**轉換成文字資料。
- 過去儲存的是掃描圖檔，透過ＡＩ**數位化，轉文字檔儲存**
- 建立文字圖檔與文字檔對應資料組，**共五萬字的學習資料集**
- 最初讀取精準度停在七十五%，深入研究後將**讀取精準度提升至九十五%**
- 雖然仍難以讀取**古早新聞文字**，但建立了ＡＩ自動讀取技術
- 提升精準度後，**大幅減少人力修改**的情況

能解決的事 **能以文字搜尋一百年份的紙本報紙**

（資料來源）https://tech.nikkeibp.co.jp/atcl/nxt/column/18/00001/02028/

圖表6-14　《日本經濟新聞》「以AI OCR讀取100年份報導」

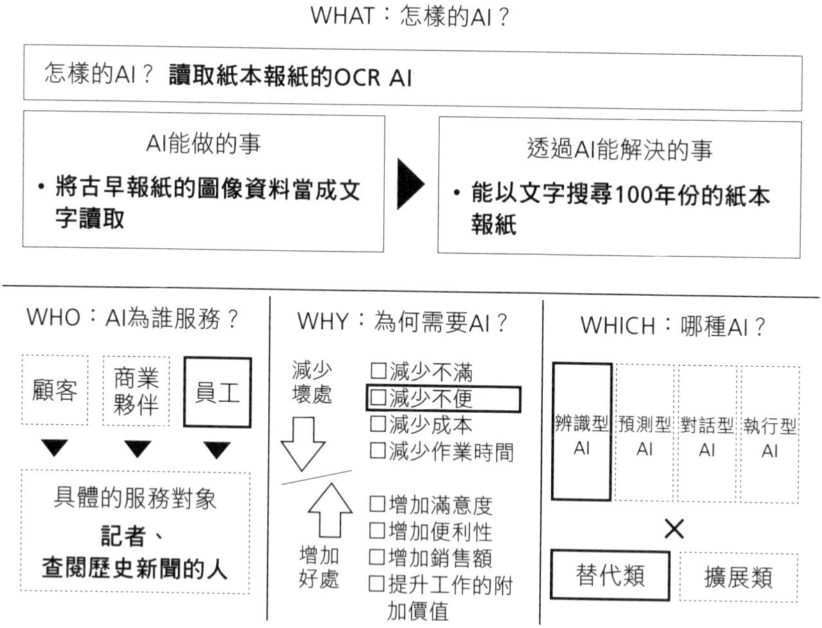
WHAT：怎樣的AI？
怎樣的AI？ 讀取紙本報紙的OCR AI
AI能做的事
・將古早報紙的圖像資料當成文字讀取
透過AI能解決的事
・能以文字搜尋100年份的紙本報紙
WHO：AI為誰服務？
顧客
商業夥伴
員工
具體的服務對象
記者、
查閱歷史新聞的人
WHY：為何需要AI？
減少壞處
□減少不滿
□減少不便
□減少成本
□減少作業時間
增加好處
□增加滿意度
□增加便利性
□增加銷售額
□提升工作的附加價值
WHICH：哪種AI？
辨識型AI
預測型AI
對話型AI
執行型AI
×
替代類
擴展類

娛樂、媒體

日本福岡軟銀鷹販售浮動價格ＡＩ門票

預測型 × 替代類

案例概要

- 福岡軟銀鷹**販售ＡＩ門票**
- ＡＩ門票採動態訂價，**隨需求改變售價**
- 根據銷售額、排名、比賽成績、比賽日期、票種、座位、銷售情況等歷史資料，**ＡＩ預測需求進行訂價**
- 活用ＡＩ，建立**即時售價調整機制**

能解決的事 **空位多時售價更便宜購買門檻低／肯花錢也能買到熱門場次／結果：提升了銷售業績**

（資料來源）https://about.yahoo.co.jp/pr/release/2019/01/24a/

圖表6-15　日本福岡軟銀鷹「販售能即時調整價格的AI門票」

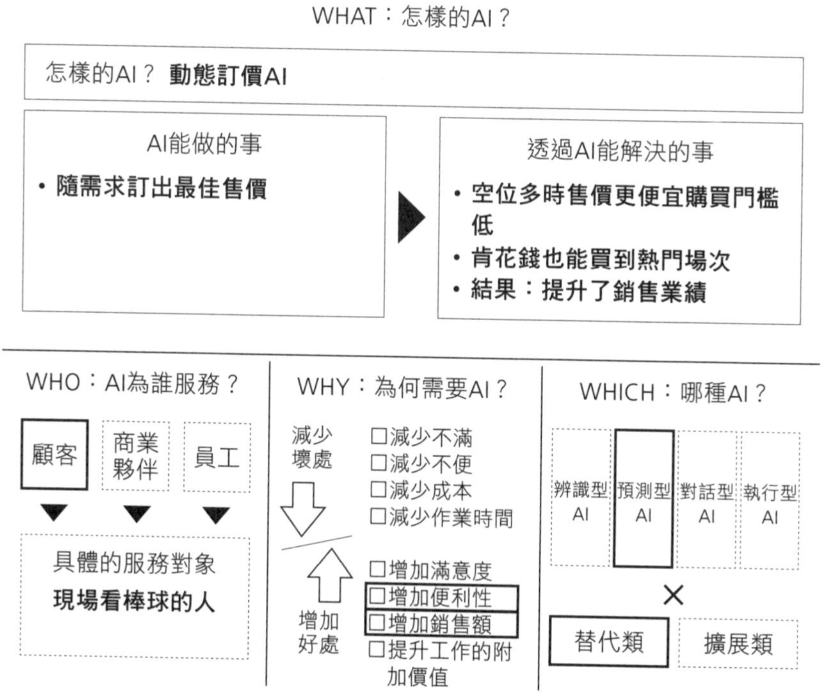
WHAT：怎樣的AI？
怎樣的AI？ 動態訂價AI
AI能做的事
• 隨需求訂出最佳售價
透過AI能解決的事
• 空位多時售價更便宜購買門檻低
• 肯花錢也能買到熱門場次
• 結果：提升了銷售業績
WHO：AI為誰服務？
顧客
商業夥伴
員工
具體的服務對象
現場看棒球的人
WHY：為何需要AI？
減少壞處
□減少不滿
□減少不便
□減少成本
□減少作業時間
增加好處
□增加滿意度
□增加便利性
□增加銷售額
□提升工作的附加價值
WHICH：哪種AI？
辨識型AI
預測型AI
對話型AI
執行型AI
×
替代類
擴展類

娛樂、媒體

中國國營媒體新華社 AI合成女主播

對話型 × 替代類

案例概要

- 中國國營媒體新華社開發出「**AI主播**」，以AI合成出能朗讀新聞稿的女性
- 過去曾率先發表男性AI主播，這次**追加了女性版本**
- 以AI合成出與真實存在主播**一模一樣的面容**
- AI主播能**流暢朗讀**新聞稿

能解決的事

三百六十五天二十四小時代替主播

（資料來源）https://www.huffingtonpost.jp/entry/story_jp_5c7cc6aee4b0e5e313cc6a5f

圖表6-16　中國國營媒體新華社「AI合成女主播」

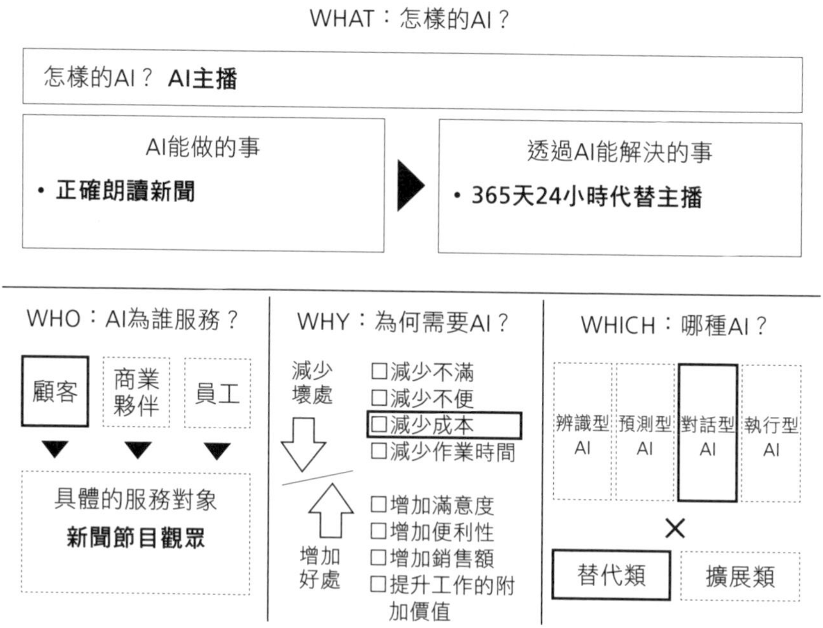
WHAT：怎樣的AI？
怎樣的AI？ AI主播
AI能做的事
・正確朗讀新聞
透過AI能解決的事
・365天24小時代替主播
WHO：AI為誰服務？
顧客
商業夥伴
員工
具體的服務對象
新聞節目觀眾
WHY：為何需要AI？
減少壞處
□減少不滿
□減少不便
□減少成本
□減少作業時間
增加好處
□增加滿意度
□增加便利性
□增加銷售額
□提升工作的附加價值
WHICH：哪種AI？
辨識型AI
預測型AI
對話型AI
執行型AI
×
替代類
擴展類

娛樂、媒體

日本富士通 新聞摘要AI系統

執行型 × 替代類

案例概要

- 富士通開發了**自動摘要AI**，能將新聞全文轉換成短文摘要。
- 包含兩個功能：一個是保留敘事語氣等，從**整篇新聞中節錄重點**，濃縮成一百八十字以內的摘要新聞；一個是寫出五十四字以內**短文的生成型摘要**（研究中）。
- 預想使用情境有：新聞摘要、社群媒體短文、刊載於跑馬燈與電子看板的新聞等

能解決的事 **提升過去由人執行的摘要工作效率／對更多文章擷取摘要**

（資料來源）https://japan.zdnet.com/article/35139603/

圖表6-17　新聞自動摘要系統

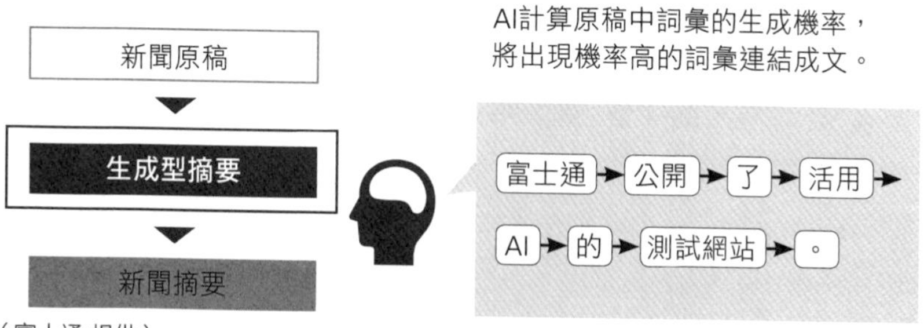
新聞原稿
生成型摘要
新聞摘要
AI計算原稿中詞彙的生成機率，
將出現機率高的詞彙連結成文。
富士通
公開
了
活用
AI
的
測試網站
。

（富士通 提供）

圖表6-18　日本富士通「新聞自動摘要系統」

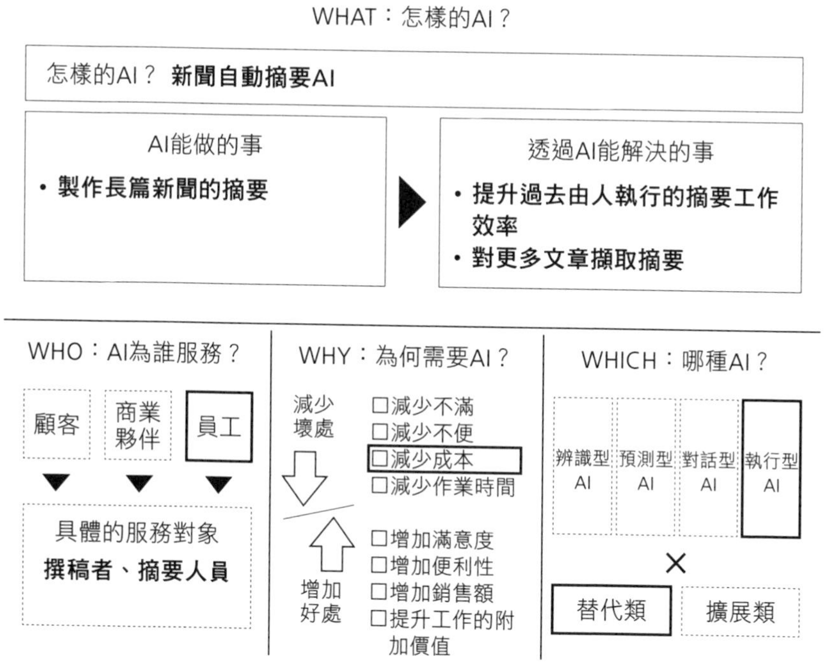
WHAT：怎樣的AI？
怎樣的AI？ 新聞自動摘要AI
AI能做的事
・製作長篇新聞的摘要
透過AI能解決的事
・提升過去由人執行的摘要工作效率
・對更多文章擷取摘要
WHO：AI為誰服務？
顧客
商業夥伴
員工
具體的服務對象
撰稿者、摘要人員
WHY：為何需要AI？
減少壞處
□減少不滿
□減少不便
□減少成本
□減少作業時間
增加好處
□增加滿意度
□增加便利性
□增加銷售額
□提升工作的附加價值
WHICH：哪種AI？
辨識型AI
預測型AI
對話型AI
執行型AI
×
替代類
擴展類

運輸、物流

日本佐川急便
ＡＩ自動輸入託運單資料

辨識型 × 替代類

案例概要

- 佐川急便運用ＡＩ，**自動化託運單輸入手續**
- 旺季**單日一百萬張**託運單資訊由人工輸入
- 換成以ＡＩ輸入託運單後，**每月縮減了約八千四百小時的工作量**
- 運用深度學習技術，將手寫數字**辨識率提升至九十九點九九五％以上**
- 也能辨識以「〇」圈起的數字、以橫槓**修正的數字與糊掉文字**，就算是肉眼難以辨識的手寫數字（會以這部份決定費用），這個ＡＩ系統也能正確讀取
- 未來將推廣「**人與ＡＩ協作**」至各項業務

能解決的事

ＡＩ取代大量單純勞動以降低成本

（資料來源）https://japan.zdnet.com/article/35140897/

圖表6-19　日本佐川急便「讀取託運單的AI」

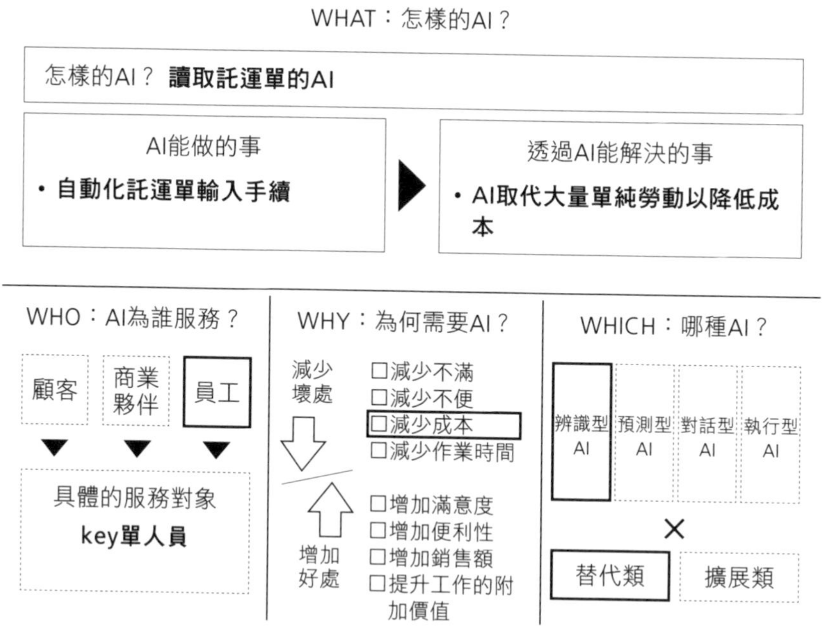
WHAT：怎樣的AI？
怎樣的AI？ 讀取託運單的AI
AI能做的事
• 自動化託運單輸入手續
透過AI能解決的事
• AI取代大量單純勞動以降低成本
WHO：AI為誰服務？
顧客
商業夥伴
員工
具體的服務對象
key單人員
WHY：為何需要AI？
減少壞處
□減少不滿
□減少不便
□減少成本
□減少作業時間
增加好處
□增加滿意度
□增加便利性
□增加銷售額
□提升工作的附加價值
WHICH：哪種AI？
辨識型AI
預測型AI
對話型AI
執行型AI
×
替代類
擴展類

運輸、物流

日本日立製作所與三井物產用AI制定配送計畫，實現智慧物流

預測型 × 替代類

案例概要

- 日立製作所與三井物產，以AI**開發最佳化配送服務**
- 老經驗員工需要耗費數小時～一、兩天**制定配送計畫，AI只需數分鐘～一小時**左右便可完成
- 能自動針對每台物流車，**安排送貨地址、送貨時間，以及規劃配送路徑**等
- 除了交貨時間、物流中心與營業所的位置、行車路線與時間、塞車、裝貨與停留時間等，還加上**資深員工的經驗**（調整配送候補日期等），作為分析的變數
- **透過GPS掌握物流車行車紀錄**，配送結果也能自動輸出
- 針對每台物流車與駕駛，視覺化呈現配送時間與路徑、配送內容、成本、延遲率等

能解決的事

AI代替規劃只有老經驗員工才能制定出的精密計畫／只需一～兩小時就能訂出配送計畫

（資料來源）https://it.impressbm.co.jp/articles/-/17525

圖表6-20　日本日立製作所與三井物產「用AI制定配送計畫，實現智慧物流」

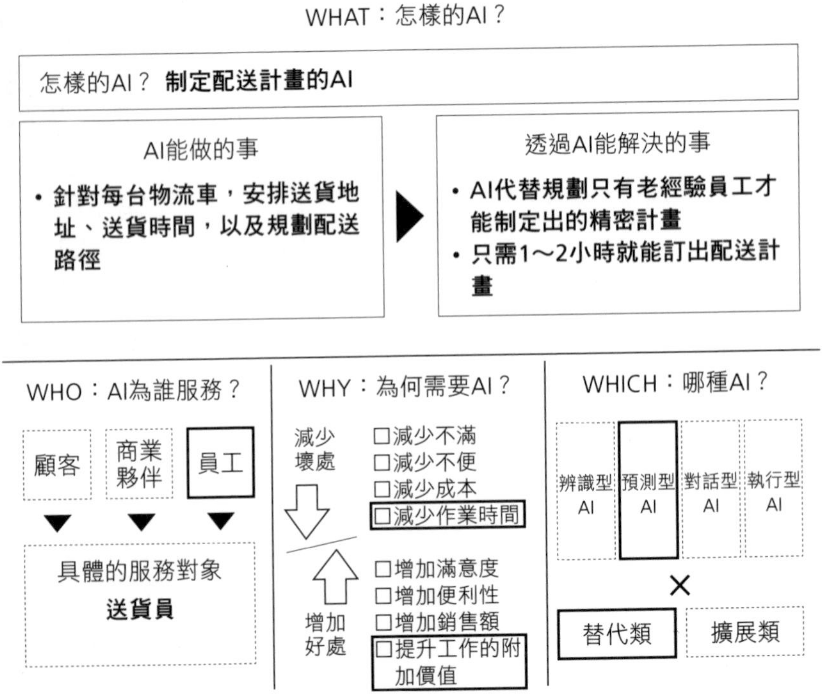
WHAT：怎樣的AI？
怎樣的AI？ 制定配送計畫的AI
AI能做的事
• 針對每台物流車，安排送貨地址、送貨時間，以及規劃配送路徑
透過AI能解決的事
• AI代替規劃只有老經驗員工才能制定出的精密計畫
• 只需1～2小時就能訂出配送計畫
WHO：AI為誰服務？
顧客
商業夥伴
員工
具體的服務對象
送貨員
WHY：為何需要AI？
減少壞處
□減少不滿
□減少不便
□減少成本
□減少作業時間
增加好處
□增加滿意度
□增加便利性
□增加銷售額
□提升工作的附加價值
WHICH：哪種AI？
辨識型AI
預測型AI
對話型AI
執行型AI
×
替代類
擴展類

運輸、物流

中國京東（JD.com）自動化物流倉儲，比人工多十倍處理能力

執行型 × 擴展類

案例概要

- 京東（JD.com）在上海郊區設立**智慧倉儲，將所有流程無人化**
- **機械手臂**自動搬入、**搬運機器人**自動分貨
- 比過去人工增加**十倍倉儲處理能力**
- 大規模促銷活動「雙十一購物節」，京東**九十%以上的訂單，於下單日或下單隔日**就成功送抵消費者
- 自動分貨精準度達九十九點九九%。**一小時能辨識四千袋，工作效率提升五倍**以上

能解決的事 **不依賴人力執行倉儲作業／縮減人事成本／處理時間高速化、二十四小時運作**

（資料來源）https://tech.nikkeibp.co.jp/atcl/nxt/mag/nc/18/071000059/071000003/
https://www.sangyo-times.jp/article.aspx?ID=2990

圖表6-21　中國京東（JD.com）「自動化物流倉儲」

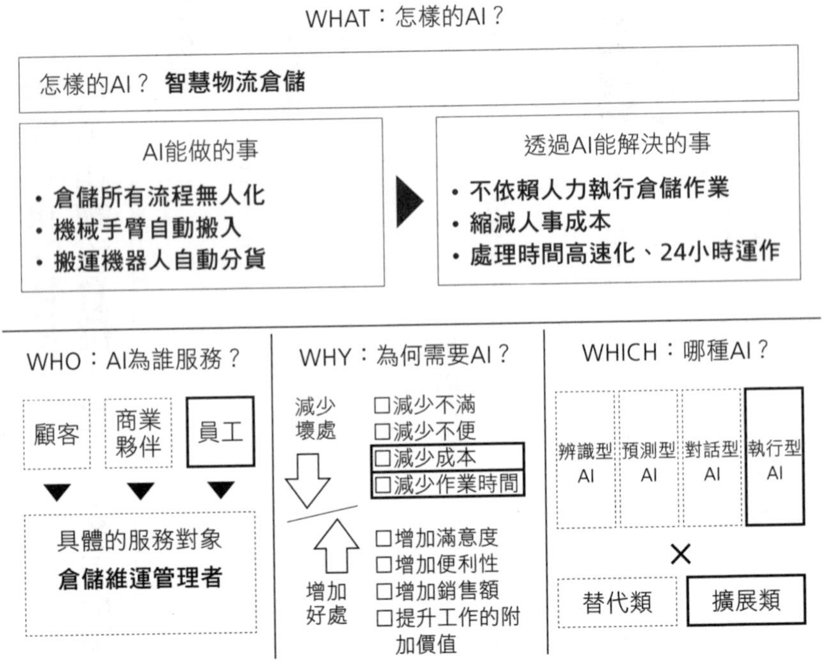
WHAT：怎樣的AI？
怎樣的AI？ 智慧物流倉儲
AI能做的事
• 倉儲所有流程無人化
• 機械手臂自動搬入
• 搬運機器人自動分貨
透過AI能解決的事
• 不依賴人力執行倉儲作業
• 縮減人事成本
• 處理時間高速化、24小時運作
WHO：AI為誰服務？
顧客
商業夥伴
員工
具體的服務對象
倉儲維運管理者
WHY：為何需要AI？
減少壞處
□減少不滿
□減少不便
□減少成本
□減少作業時間
增加好處
□增加滿意度
□增加便利性
□增加銷售額
□提升工作的附加價值
WHICH：哪種AI？
辨識型AI
預測型AI
對話型AI
執行型AI
×
替代類
擴展類

汽車、交通

日本NTT DOCOMO發展AI計程車，載客需求預測精準度達九十三～九十五%

預測型 × 擴展類

案例概要

- NTT DOCOMO提供**AI計程車服務**，能預測載客需求
- 根據行動電話訊號，**即時預測區域人口數量**，也應用在AI預測
- 能針對每五百公尺見方區域、每個時間帶預測
- **用來預測的資料**包含：區域人口數、計程車行車紀錄，雨量等氣象資料，活動會場、車站、醫院、學校等設施資料
- 同時使用兩種AI系統混合預測，選擇哪個系統取決於歷史資料預測精準度
- 預測未來**三十分鐘內的載客需求，精準度高達九十三～九十五%**，每十分鐘更新一次
- **新手駕駛**的載客次數**也能達到**一般駕駛水準
- 單台計程車年營業額提升約二十八萬日圓，**全面導入年營業額可望提升數億日圓**

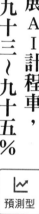

圖表6-22　日本NTT DOCOMO「以93～95%精準度預測載客需求的AI計程車」

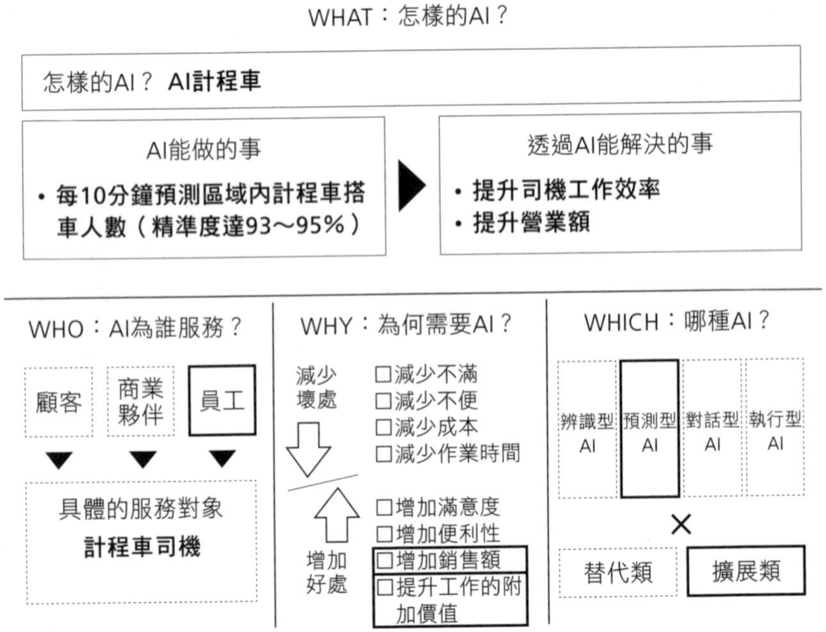
WHAT：怎樣的AI？
怎樣的AI？ AI計程車
AI能做的事
・每10分鐘預測區域內計程車搭車人數（精準度達93～95%）
透過AI能解決的事
・提升司機工作效率
・提升營業額
WHO：AI為誰服務？
顧客
商業夥伴
員工
具體的服務對象
計程車司機
WHY：為何需要AI？
減少壞處
□減少不滿
□減少不便
□減少成本
□減少作業時間
增加好處
□增加滿意度
□增加便利性
□增加銷售額
□提升工作的附加價值
WHICH：哪種AI？
辨識型AI
預測型AI
對話型AI
執行型AI
×
替代類
擴展類

能解決的事　提升司機工作效率／提升營業額

（資料來源）https://nissenad-digitalhub.com/articles/ai-for-taxi/

運輸、物流

日本豐田汽車
雙重安全保障：自動駕駛與駕駛輔助系統

執行型 × 替代類

案例概要

- 豐田汽車以「自動駕駛」和「**駕駛輔助系統Guardian**」兩大主軸發展AI應用
- Guardian**著重輔助駕駛**，開車主體仍為駕駛者
- **進行各種安全輔助**，包含緊急煞車輔助系統、車道偏離警示
- 若未來Guardian能力提升，或許能偵測後方追撞並**自動避開**
- 若自動駕駛系統發生故障，Guardian也能作為安全網，提供**雙重安全保障**
- 豐田以外的自動駕駛系統也能使用。已有**提供**給UBER等**外部公司**

能解決的事 **開車時提供雙重保障**

（資料來源）https://ascii.jp/elem/000/001/928/1928972/

圖表6-23　日本豐田汽車「自動駕駛與駕駛輔助系統」

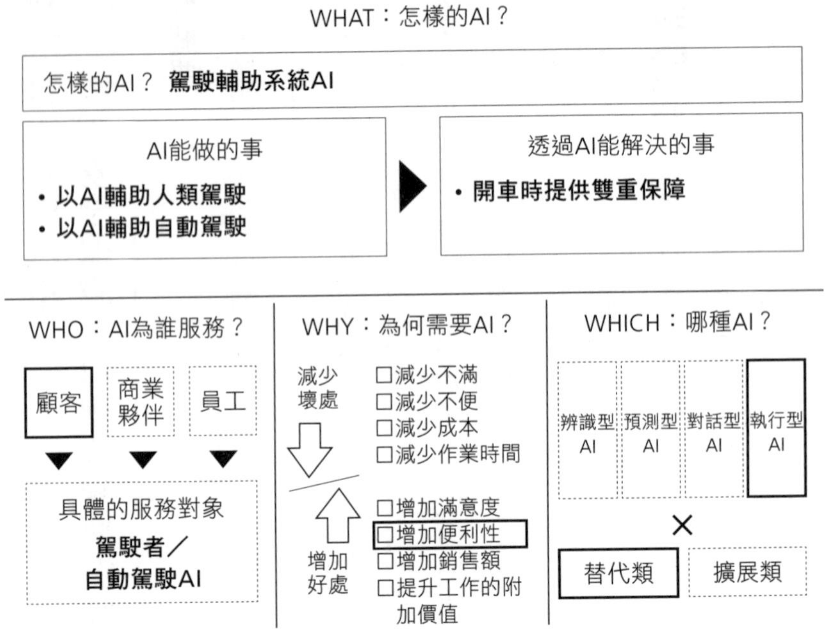
WHAT：怎樣的AI？
怎樣的AI？ 駕駛輔助系統AI
AI能做的事
• 以AI輔助人類駕駛
• 以AI輔助自動駕駛
透過AI能解決的事
• 開車時提供雙重保障
WHO：AI為誰服務？
顧客
商業夥伴
員工
具體的服務對象
駕駛者／自動駕駛AI
WHY：為何需要AI？
減少壞處
□減少不滿
□減少不便
□減少成本
□減少作業時間
增加好處
□增加滿意度
□增加便利性
□增加銷售額
□提升工作的附加價值
WHICH：哪種AI？
辨識型AI
預測型AI
對話型AI
執行型AI
×
替代類
擴展類

製造、資源

韓國LG以針對家電設計的AI輔助日常生活

預測型 × 替代類

案例概要

- AI**會確認家電使用狀態**，像是冰箱內部溫度過低、冷氣循環不足等問題
- 能偵測不當操作、故障，甚至是**偵測必要維護保養**
- 能**偵測異常狀況**，像是冰箱內部溫度變化、濾網更換週期、洗衣機排水問題等
- 能在**問題惡化前發送通知到APP**

能解決的事　**提升家電使用滿意度**

（資料來源）https://japan.cnet.com/article/35141994/

圖表6-24　韓國LG「針對家電設計的AI」

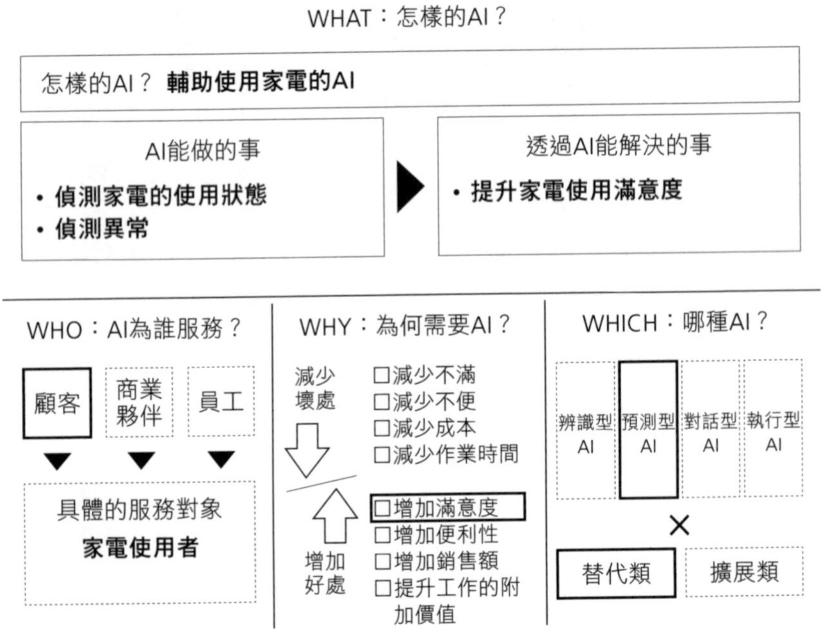
WHAT：怎樣的AI？
怎樣的AI？ 輔助使用家電的AI
AI能做的事
• 偵測家電的使用狀態
• 偵測異常
透過AI能解決的事
• 提升家電使用滿意度
WHO：AI為誰服務？
顧客
商業夥伴
員工
具體的服務對象
家電使用者
WHY：為何需要AI？
減少壞處
□減少不滿
□減少不便
□減少成本
□減少作業時間
增加好處
□增加滿意度
□增加便利性
□增加銷售額
□提升工作的附加價值
WHICH：哪種AI？
辨識型AI
預測型AI
對話型AI
執行型AI
×
替代類
擴展類

製造、資源

日本普利司通推動AI工廠，大量生產高品質輪胎

執行型 × 替代類

案例概要

- 普利司通導入AI，**自動化、自動控制生產瓶頸「輪胎成型」**
- 以數百個感應器，蒐集橡膠的位置與形狀變化狀態等資料，運用**自行開發的AI**，提高輪胎成型精準度
- 過去**需要大量人力，還被視為生產瓶頸的製程**，現在由AI管理良率與精準度
- 現在**只在響起警告音時**需要人力介入

能解決的事 **消除製程瓶頸／產能提升兩倍、良率改善十五%**

（資料來源）https://toyokeizai.net/articles/-/153287
https://monoist.atmarkit.co.jp/mn/articles/1701/10/news035.html

圖表6-25　日本普利司通「推動AI工廠，大量生產高品質輪胎」

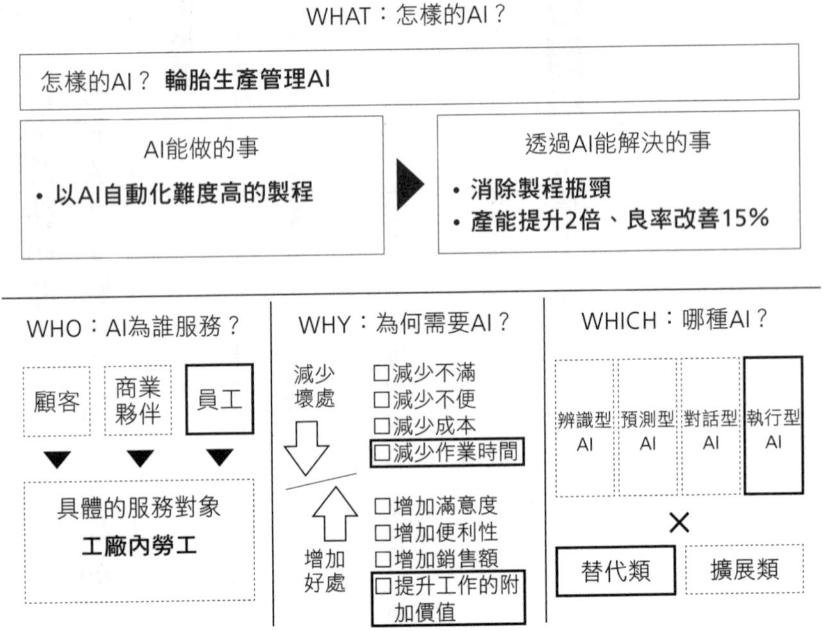
WHAT：怎樣的AI？
怎樣的AI？ 輪胎生產管理AI
AI能做的事
• 以AI自動化難度高的製程
透過AI能解決的事
• 消除製程瓶頸
• 產能提升2倍、良率改善15%
WHO：AI為誰服務？
顧客
商業夥伴
員工
具體的服務對象
工廠內勞工
WHY：為何需要AI？
減少壞處
□減少不滿
□減少不便
□減少成本
□減少作業時間
增加好處
□增加滿意度
□增加便利性
□增加銷售額
□提升工作的附加價值
WHICH：哪種AI？
辨識型AI
預測型AI
對話型AI
執行型AI
×
替代類
擴展類

製造 資源

日本JFE Steel 以人物偵測ＡＩ保障作業員安全

辨識型 × 替代類

案例概要

- JFE Steel活用ＡＩ影像辨識技術，**輔助製鐵廠工安**
- 過去受限於製鐵場內照明條件、多樣的勞工工作姿勢，**難以偵測人物**
- 以NEC的ＡＩ影像辨識技術為基礎，運用深度學習，加以大量人物圖像資料訓練ＡＩ，**人物辨識達實用水準**
- 以ＡＩ辨識**禁止進入區**
- 建置系統，若勞工闖進禁止進入區，**ＡＩ會發出警報，同時自動停止產線**

能解決的事　**保障勞工安全**

（資料來源）https://monoist.atmarkit.co.jp/mn/articles/1901/07/news013.html

圖表6-26　以AI影像辨識輔助工安

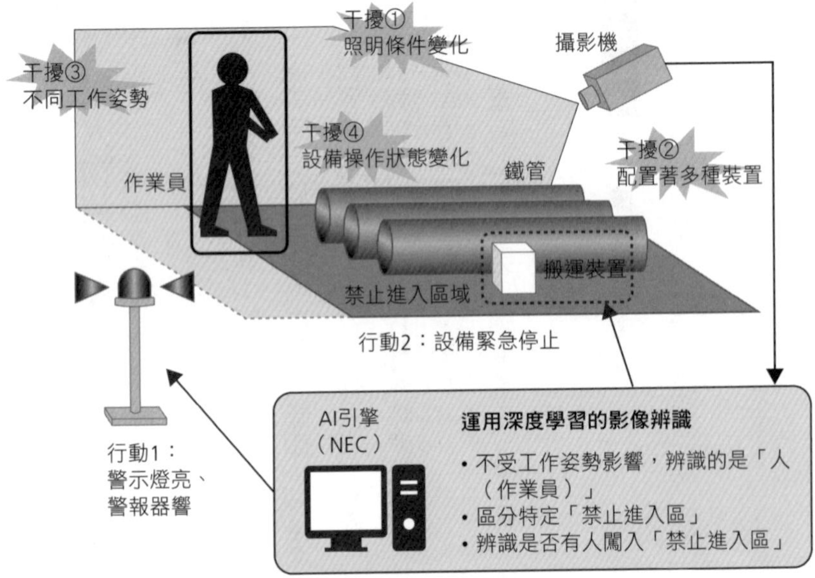

（JFE Steel 提供）

圖表6-27　運用深度學習，加以大量圖像資料訓練AI

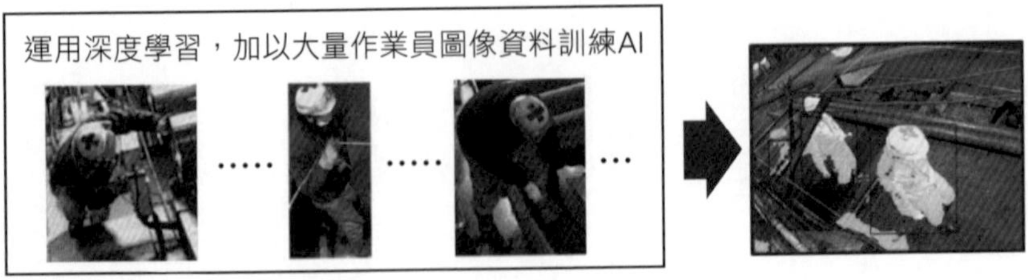

（資料來源）JFE Steel

圖表6-28　日本JFE Steel「以人物偵測AI保障作業員安全」

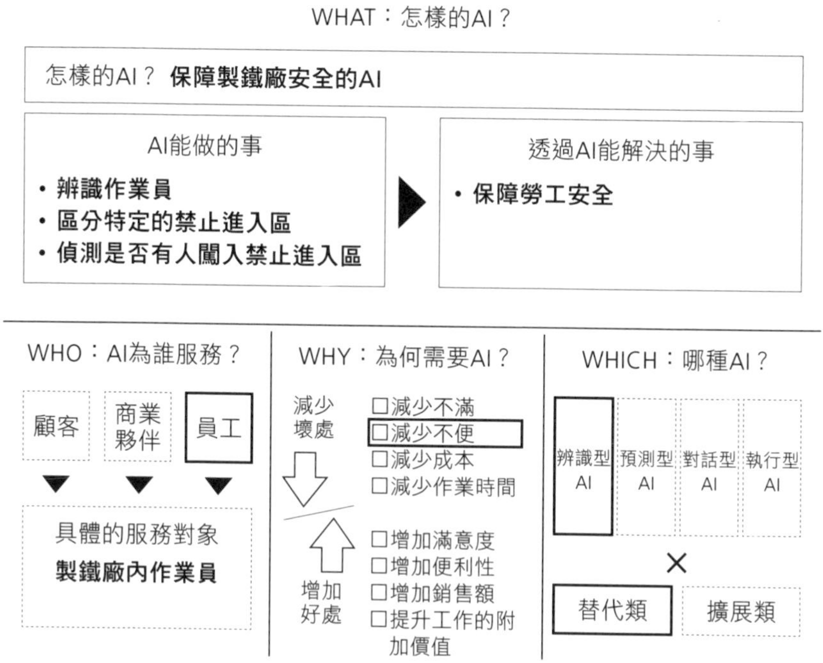
WHAT：怎樣的AI？
怎樣的AI？ 保障製鐵廠安全的AI
AI能做的事
• 辨識作業員
• 區分特定的禁止進入區
• 偵測是否有人闖入禁止進入區
透過AI能解決的事
• 保障勞工安全
WHO：AI為誰服務？
顧客
商業夥伴
員工
具體的服務對象
製鐵廠內作業員
WHY：為何需要AI？
減少壞處
□減少不滿
□減少不便
□減少成本
□減少作業時間
增加好處
□增加滿意度
□增加便利性
□增加銷售額
□提升工作的附加價值
WHICH：哪種AI？
辨識型AI
預測型AI
對話型AI
執行型AI
×
替代類
擴展類

不動產、營造

日本大京集團計劃導入ＡＩ管理員

對話型 × 替代類

案例概要

- 大京集團將導入結合ＡＩ語音對話功能的「AI INFO」（ＡＩ管理員、智慧布告欄），作為大樓公共空間電子看板
- **電子看板**搭載具語音對話功能的「ＡＩ管理員」，備有應答機制，能回應大樓住戶詢問
- 大樓管理員面臨高齡化與人才不足問題，活用ＡＩ以**減輕管理員負擔**
- 能**回答基本問題**，如：公共空間設備故障、垃圾分類方法與收垃圾日等
- 無須改變管理員上班時段，藉由**與ＡＩ分工**，可望提升服務品質

（「ＡＩ管理員」已是FAMILYNET JAPAN CORPORATION的註冊商標。「ＡＩ管理員」採用的是FAMILYNET JAPAN CORPORATION的語音對話服務）

能解決的事　**代理管理員的工作／值大夜班**

（資料來源）《日刊工業新聞》（二〇一八年十二月六日）https://newswitch.jp/p/15532 大京集團

圖表6-29　日本大京集團「計劃導入AI管理員」

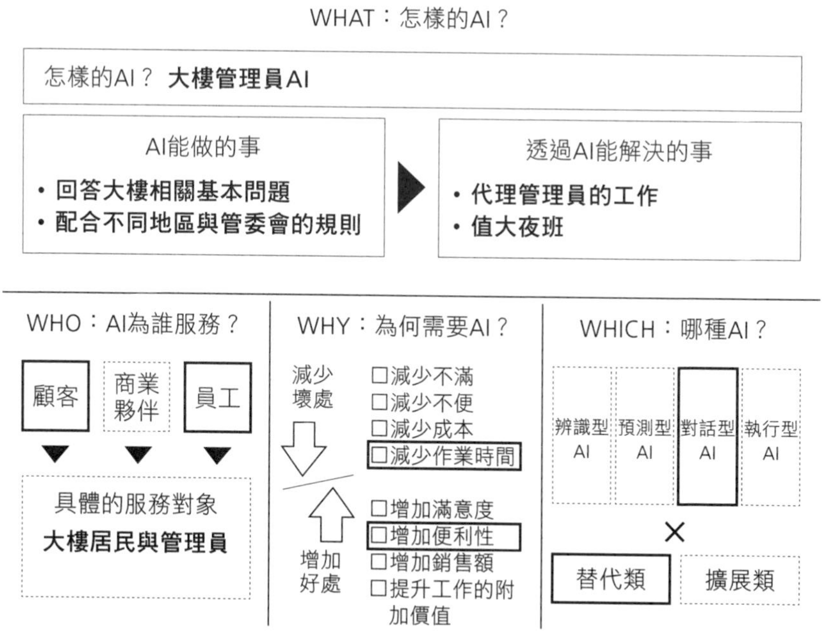
WHAT：怎樣的AI？
怎樣的AI？ 大樓管理員AI
AI能做的事
・回答大樓相關基本問題
・配合不同地區與管委會的規則
透過AI能解決的事
・代理管理員的工作
・值大夜班
WHO：AI為誰服務？
顧客
商業夥伴
員工
具體的服務對象
大樓居民與管理員
WHY：為何需要AI？
減少壞處
□減少不滿
□減少不便
□減少成本
□減少作業時間
增加好處
□增加滿意度
□增加便利性
□增加銷售額
□提升工作的附加價值
WHICH：哪種AI？
辨識型AI
預測型AI
對話型AI
執行型AI
×
替代類
擴展類

不動產、營造

日本西松建設 導入能記得生活習慣的智慧住宅ＡＩ

執行型 × 替代類

案例概要

- 西松建設將**智慧住宅ＡＩ**導入自家員工住宅
- ＡＩ會測量聲音、影像、動作、震動、溫度、濕度、照度、紫外線
- ＡＩ會辨識居住者**在哪裡**、**想做什麼**
- **控制**室內**家電並最佳化**，像是自動調整空調溫度與照明色調
- ＡＩ**會自行判斷**，居住者無須透過智慧型手機與平板操控
- ＡＩ會配合居住者回家的時間設定空調，或是在每天起床時間拉開窗簾，以及外出等家裡沒人時鎖上大門
- 能**反覆學習**居住者的各種生活習慣與作息

能解決的事　**讓居住者生活更便利**

（資料來源）https://built.itmedia.co.jp/bt/articles/1904/03/news035.html

圖表6-30　日本西松建設「能記得生活習慣的智慧住宅AI」

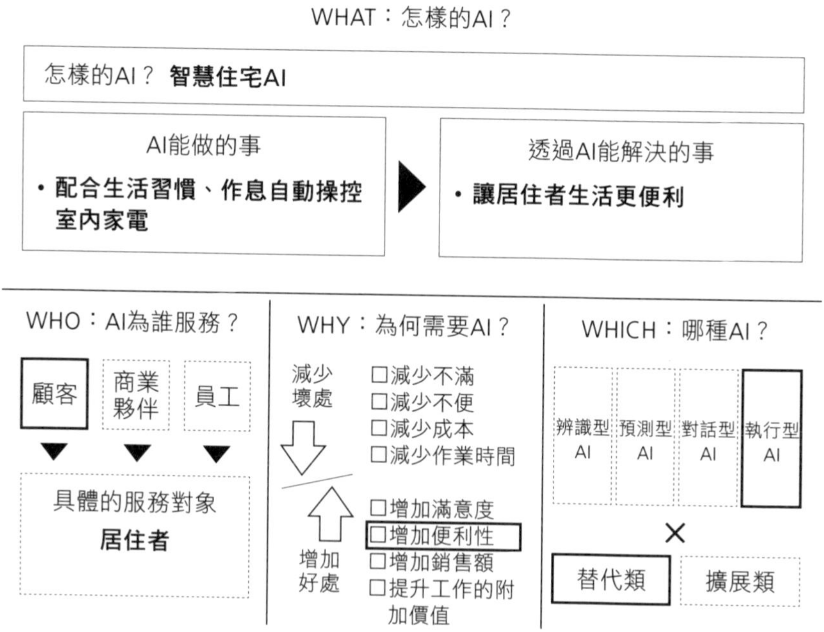
WHAT：怎樣的AI？
怎樣的AI？ 智慧住宅AI
AI能做的事
・配合生活習慣、作息自動操控室內家電
透過AI能解決的事
・讓居住者生活更便利
WHO：AI為誰服務？
顧客
商業夥伴
員工
具體的服務對象
居住者
WHY：為何需要AI？
減少壞處
□減少不滿
□減少不便
□減少成本
□減少作業時間
增加好處
□增加滿意度
□增加便利性
□增加銷售額
□提升工作的附加價值
WHICH：哪種AI？
辨識型AI
預測型AI
對話型AI
執行型AI
×
替代類
擴展類

外食、食品、農業

日本Kewpie Corporation以ＡＩ食品原料檢查設備挑出不良品

辨識型 × 替代類

案例概要

- Kewpie Corporation活用ＡＩ**食品原料檢查設備**，檢查熟食的食材——截切蔬菜
- 過去**以人眼檢查**，**對身體造成**很大的**負擔**
- 活用深度學習，採用圖像解析分檢合格品機制
- **建立能辨識合格品的ＡＩ，運用這個ＡＩ挑出不良品**，最終達成實務應用
- 將之導入**截切蔬菜檢查流程**
- 朝「**友善勞工**」的流程邁進

能解決的事　**提升工作效率／建立「友善員工」的職場環境**

（資料來源）https://www.ryutsuu.biz/it/l022142.html

圖表6-31　日本Kewpie Corporation「開發並導入食品原料檢查設備」

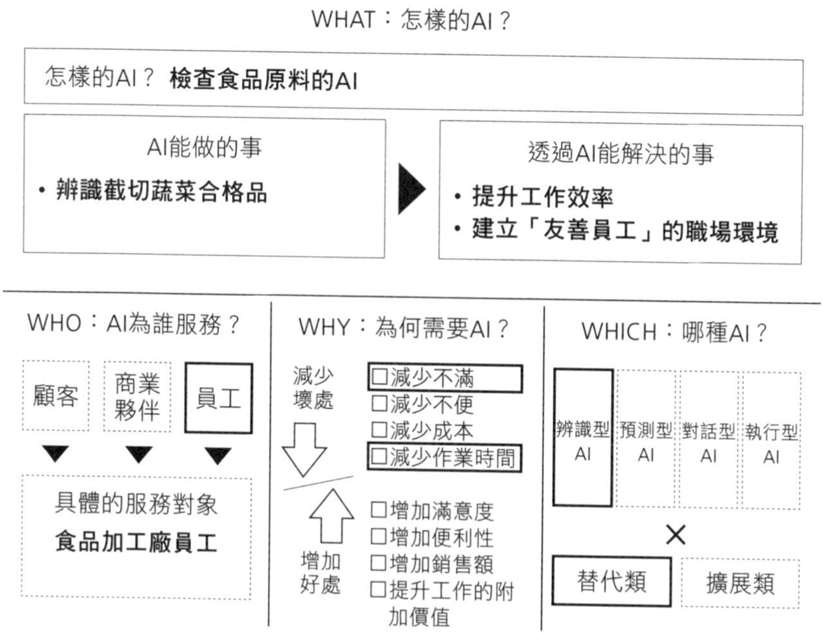
WHAT：怎樣的AI？
怎樣的AI？ 檢查食品原料的AI
AI能做的事
・辨識截切蔬菜合格品
透過AI能解決的事
・提升工作效率
・建立「友善員工」的職場環境
WHO：AI為誰服務？
顧客
商業夥伴
員工
具體的服務對象
食品加工廠員工
WHY：為何需要AI？
減少壞處
□減少不滿
□減少不便
□減少成本
□減少作業時間
增加好處
□增加滿意度
□增加便利性
□增加銷售額
□提升工作的附加價值
WHICH：哪種AI？
辨識型AI
預測型AI
對話型AI
執行型AI
×
替代類
擴展類

外食、食品、農業

日本電通 以ＡＩ評斷野生鮪魚品質

辨識型 × 替代類

案例概要

- 以ＡＩ評斷**野生鮪魚品質**
- ＡＩ鮪魚品質評斷與專業師傅的**一致性達八十五％**
- 成為專業師傅前，必須經過**約四千尾的經驗累積**，才能獨立負責目視判斷鮪魚品質的工作

能解決的事　**取代老經驗師傅執行工作**

「水產加工業者將此技術應用在鮪魚品質檢測，ＡＩ判斷結果與專業師傅一致性達約八十五％。在目視判斷技術後繼無人的困境中，希望透過ＡＩ，將仰賴直覺與經驗的目視判斷技術流傳後世。（中略）在『獨當一面』前，至少需要耗費十年，累積約四千尾目視判斷經驗。」

（資料來源）《ITmedia NEWS》
運用ＡＩ評斷「野生鮪魚」品質，與專業師傅一致性達八十五％
二〇一九年五月三十日
https://www.itmedia.co.jp/news/articles/1905/30/news124.html

圖表6-32　日本電通「評斷野生鮪魚品質」

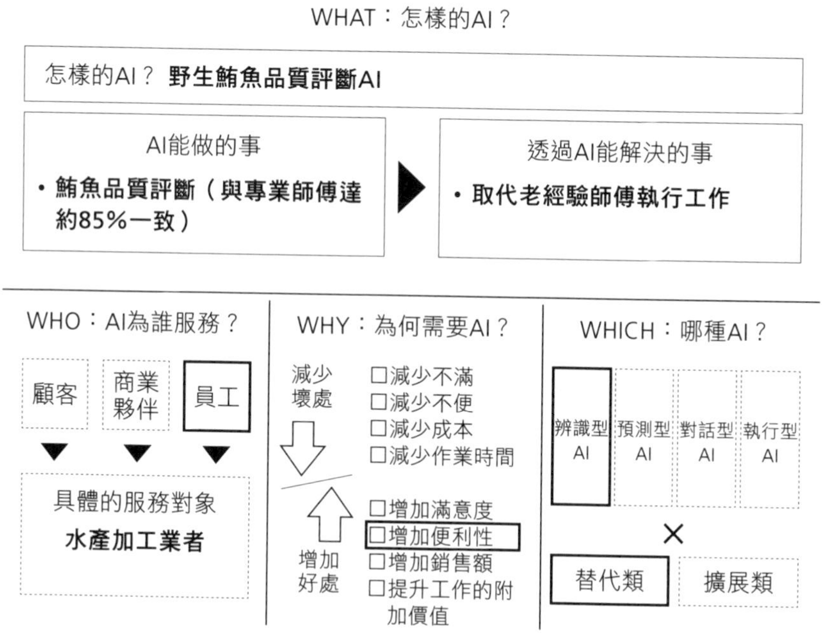
WHAT：怎樣的AI？
怎樣的AI？ 野生鮪魚品質評斷AI
AI能做的事
・鮪魚品質評斷（與專業師傅達約85%一致）
透過AI能解決的事
・取代老經驗師傅執行工作
WHO：AI為誰服務？
顧客
商業夥伴
員工
具體的服務對象
水產加工業者
WHY：為何需要AI？
減少壞處
□減少不滿
□減少不便
□減少成本
□減少作業時間
增加好處
□增加滿意度
□增加便利性
□增加銷售額
□提升工作的附加價值
WHICH：哪種AI？
辨識型AI
預測型AI
對話型AI
執行型AI
×
替代類
擴展類

外食、食品、農業

日本SoftBank出資的Plenty能調整農作物風味的ＡＩ室內農場

預測型 × 擴展類

案例概要

- Plenty是美國一間開發**ＡＩ室內農場**的農業新創公司，獲得SoftBank願景基金（SoftBank Vision Fund）等兩億美元投資
- 室內農場有**三十種可控制參數**
- 針對**七百種農作物**，開發能配合氣候等條件、調整最佳參數的ＡＩ
- 以**ＡＩ調整蔬果風味**
- 農產量也大幅改善。**某作物的增產量，相當於過去三百年收穫量的增幅。**

能解決的事　**改善農作物風味／穩定供給農作物**

（資料來源）《日經BP×TECH》二〇一九年八月二十日
https://tech.nikkeibp.co.jp/atcl/nxt/column/18/00908/081900004/

圖表6-33　日本SoftBank出資的Plenty「能調整農作物風味的AI室內農場」

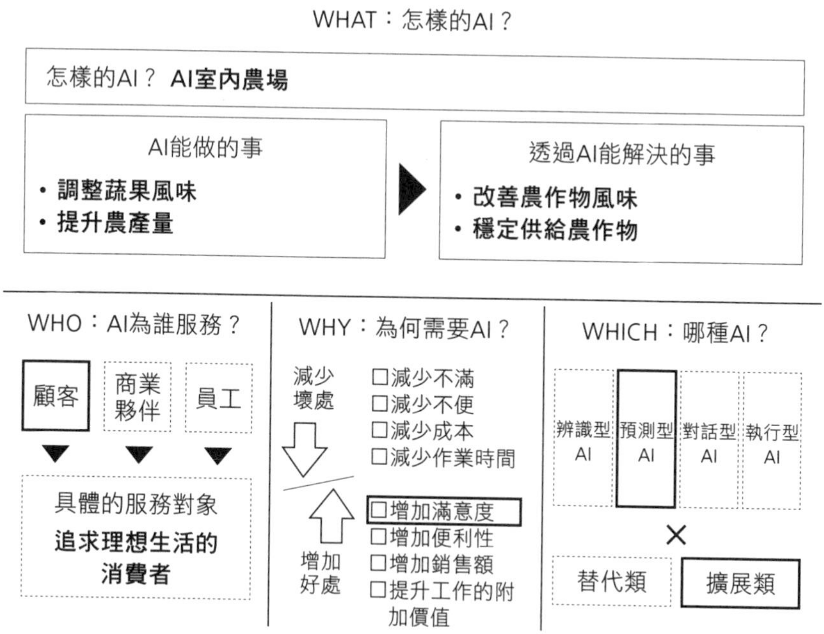
WHAT：怎樣的AI？
怎樣的AI？ AI室內農場
AI能做的事
• 調整蔬果風味
• 提升農產量
透過AI能解決的事
• 改善農作物風味
• 穩定供給農作物
WHO：AI為誰服務？
顧客
商業夥伴
員工
具體的服務對象
追求理想生活的消費者
WHY：為何需要AI？
減少壞處
□減少不滿
□減少不便
□減少成本
□減少作業時間
增加好處
□增加滿意度
□增加便利性
□增加銷售額
□提升工作的附加價值
WHICH：哪種AI？
辨識型AI
預測型AI
對話型AI
執行型AI
×
替代類
擴展類

外食、食品、農業

LINE Corporation日本分公司 能處理餐廳預約的日文語音ＡＩ服務

對話型 × 替代類

案例概要

- LINE發表了專為商家設計的ＡＩ**語音服務**，能**處理餐廳預約等**
- 這是一個**通日文的語音ＡＩ服務**，從與預約顧客的對話到登錄預約系統，一連串動作都能自動進行
- 結合了**語音辨識**、**語音合成**、**聊天機器人**實作而成
- 目標是**自動化**餐廳與客服中心的**電話應答**

能解決的事 **ＡＩ自動應答餐廳的預約電話／ＡＩ自動應答客服中心的來電／縮減店員作業時間和降低成本**

（資料來源）https://www.itmedia.co.jp/news/articles/1906/27/news136.html

圖表6-34　LINE Corporation「能處理餐廳預約的日文語音AI」

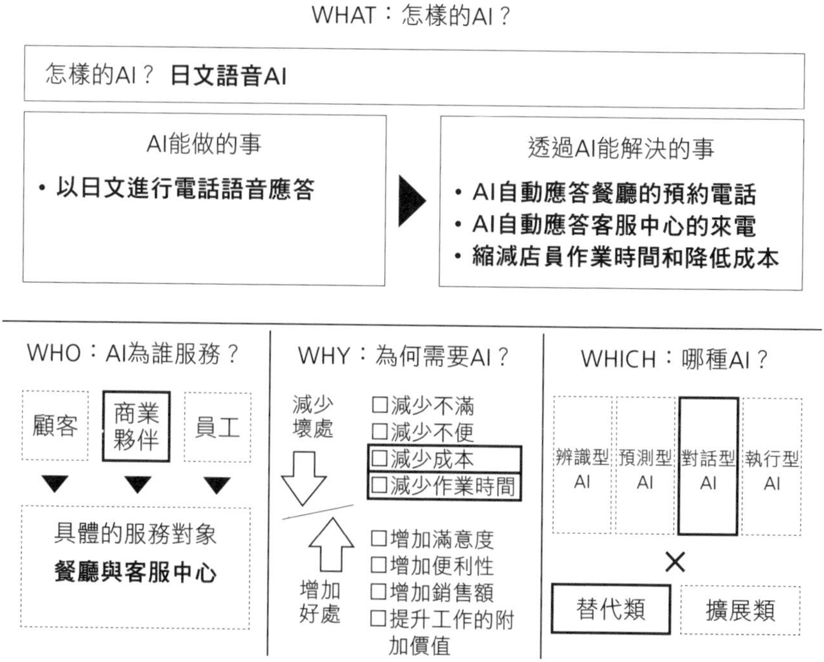
WHAT：怎樣的AI？
怎樣的AI？ 日文語音AI
AI能做的事
・以日文進行電話語音應答
透過AI能解決的事
・AI自動應答餐廳的預約電話
・AI自動應答客服中心的來電
・縮減店員作業時間和降低成本
WHO：AI為誰服務？
顧客
商業夥伴
員工
具體的服務對象
餐廳與客服中心
WHY：為何需要AI？
減少壞處
□減少不滿
□減少不便
□減少成本
□減少作業時間
增加好處
□增加滿意度
□增加便利性
□增加銷售額
□提升工作的附加價值
WHICH：哪種AI？
辨識型AI
預測型AI
對話型AI
執行型AI
×
替代類
擴展類

外食、食品、農業

中國京東（JD.com）運用機器人自動化烹飪、上餐、點餐、結帳

執行型 × 替代類

案例概要

- 京東（JD.com）的「京東×未來餐廳」正式開幕，**所有流程皆由機器人完成**
- 不只是點餐、結帳，連**烹飪、上餐都由機器人執行**
- 運用五台烹飪機器人，能做出**四十種中國料理**
- 機器人遵循名廚監製食譜烹煮菜餚
- 烹飪機器人**一天能煮六百餐以上**，餐點**平均十五～三十分鐘**就能上齊
- 運送餐點的**上餐機器人會自動計算上餐路徑**，一天能運送五百桌次以上的餐點，總移動距離約二十公里

能解決的事 **以機器人自動化餐廳運作／提供嶄新外食體驗／節省成本**

（資料來源）https://robotstart.info/2019/01/21/china-robot-restraunt.html

圖表6-35　中國京東（JD.com）「自動化烹飪、上餐、點餐、結帳」

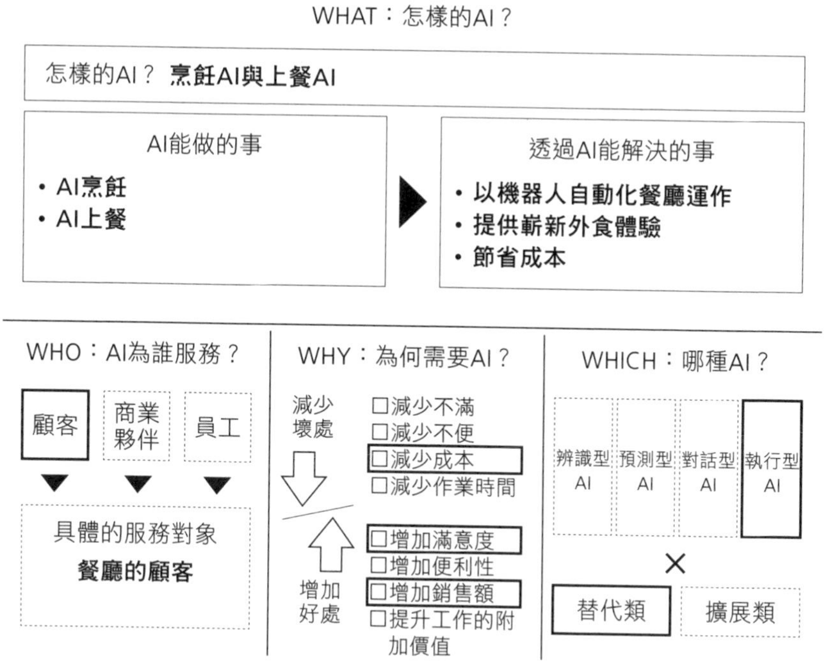
WHAT：怎樣的AI？
怎樣的AI？ 烹飪AI與上餐AI
AI能做的事
• AI烹飪
• AI上餐
透過AI能解決的事
• 以機器人自動化餐廳運作
• 提供嶄新外食體驗
• 節省成本
WHO：AI為誰服務？
顧客
商業夥伴
員工
具體的服務對象
餐廳的顧客
WHY：為何需要AI？
減少壞處
□減少不滿
□減少不便
□減少成本
□減少作業時間
增加好處
□增加滿意度
□增加便利性
□增加銷售額
□提升工作的附加價值
WHICH：哪種AI？
辨識型AI
預測型AI
對話型AI
執行型AI
×
替代類
擴展類

金融、保險

日本Seven Bank 搭載人臉辨識的次世代ATM

辨識型 × 替代類

案例概要

- Seven Bank推出**活用AI的次世代ATM**
- **活用人臉辨識**，透過ATM就能開戶
- 事先以手機輸入開戶所需資訊，獲得QR code。ATM讀取QR code，並在ATM確認身分後就能開戶（實證測試中）
- 將身分證明文件的臉部照片，與ATM攝影機拍到的**臉部照片互相比對**（實證測試中）
- 只透過**人臉辨識的無卡存提款功能**也在評估中

能解決的事　**提供便利的ATM使用體驗**

（資料來源）https://it.impressbm.co.jp/articles/-/18538

圖表6-36　日本Seven Bank「支援人臉辨識的次世代ATM」

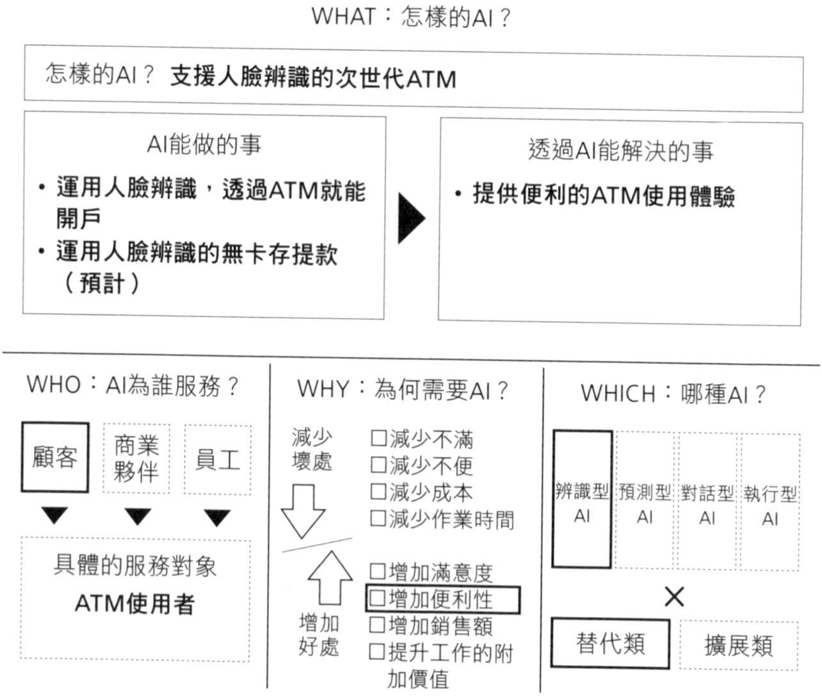
WHAT：怎樣的AI？
怎樣的AI？ 支援人臉辨識的次世代ATM
AI能做的事
• 運用人臉辨識，透過ATM就能開戶
• 運用人臉辨識的無卡存提款（預計）
透過AI能解決的事
• 提供便利的ATM使用體驗
WHO：AI為誰服務？
顧客
商業夥伴
員工
具體的服務對象
ATM使用者
WHY：為何需要AI？
減少壞處
□減少不滿
□減少不便
□減少成本
□減少作業時間
增加好處
□增加滿意度
□增加便利性
□增加銷售額
□提升工作的附加價值
WHICH：哪種AI？
辨識型AI
預測型AI
對話型AI
執行型AI
×
替代類
擴展類

金融、保險

日本ＪＣＢ以ＡＩ輔助保險銷售，根據使用紀錄鎖定潛在顧客

預測型 × 擴展類

案例概要

- ＪＣＢ在銷售壽險與產險時，運用ＡＩ**進行投保介紹**
- 根據信用卡的使用紀錄等，鎖定**投保機率高的顧客**
- 能夠在**最佳時機**推銷
- 配置更少人員也能**有效率銷售**

能解決的事　**提升保險銷售效率／裁減保險業務員**

（資料來源）https://www.nikkei.com/article/DGXMZO49411430U9A900C1LX0000/

圖表6-37　提升保險銷售效率

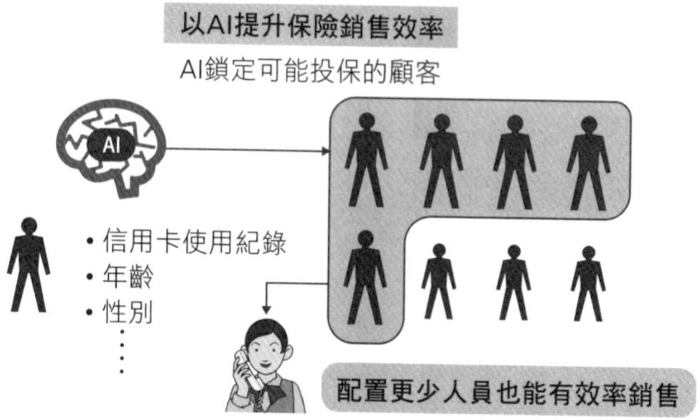
以AI提升保險銷售效率
AI鎖定可能投保的顧客
AI
・信用卡使用紀錄
・年齡
・性別
配置更少人員也能有效率銷售

（資料來源）《日本經濟新聞》電子版，2019年9月5日

圖表6-38　日本JCB「輔助保險銷售」

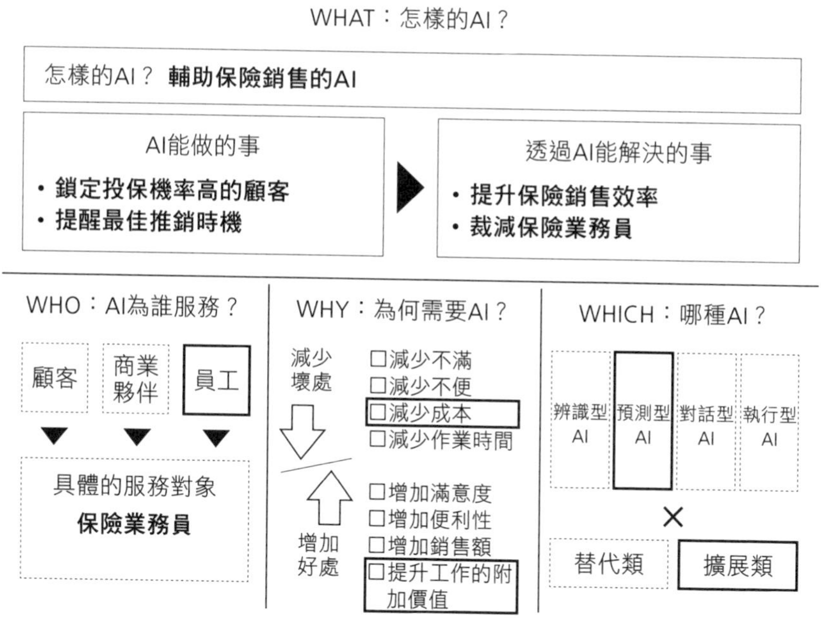
WHAT：怎樣的AI？
怎樣的AI？ 輔助保險銷售的AI
AI能做的事
・鎖定投保機率高的顧客
・提醒最佳推銷時機
透過AI能解決的事
・提升保險銷售效率
・裁減保險業務員
WHO：AI為誰服務？
顧客
商業夥伴
員工
具體的服務對象
保險業務員
WHY：為何需要AI？
減少壞處
□減少不滿
□減少不便
□減少成本
□減少作業時間
□增加滿意度
□增加便利性
□增加銷售額
□提升工作的附加價值
增加好處
WHICH：哪種AI？
辨識型AI
預測型AI
對話型AI
執行型AI
替代類
擴展類

金融、保險

日本瑞穗銀行開始驗證活用AI的個人化服務

預測型 × 擴展類

案例概要

- 瑞穗銀行開始驗證**個人化理財建議AI**
- 輸入資料：使用者帳戶餘額、存款明細、信用卡消費明細、收入與支出分類、自由填寫的問卷資訊等
- 掌握消費行為與財務狀況模式後，由AI**給予每位使用者建議**
- 針對**如何改善家庭財務、資產管理和生活水準**等給予建議

能解決的事　**提供每位使用者個人化理財建議**

（資料來源）https://japan.zdnet.com/article/35142585/

圖表6-39　對個人提供最佳化後的資訊

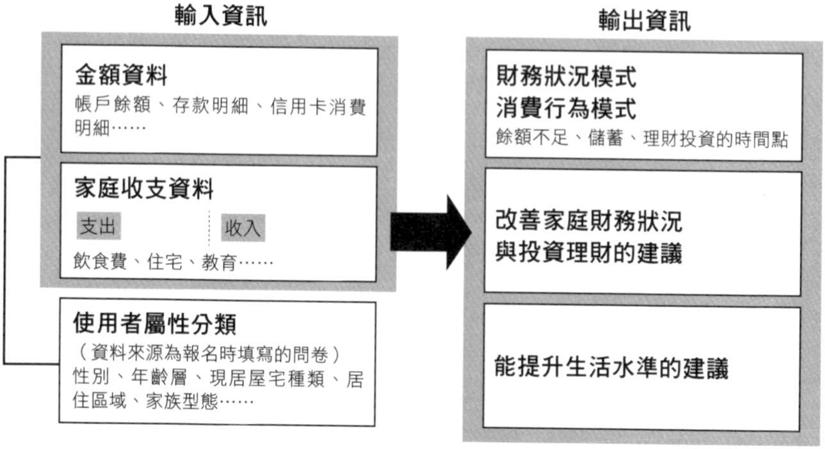

（資料來源）根據瑞穗銀行、Blue Lab、富士通所發布的新聞稿製作而成

圖表6-40　日本瑞穗銀行「個人化銀行服務」

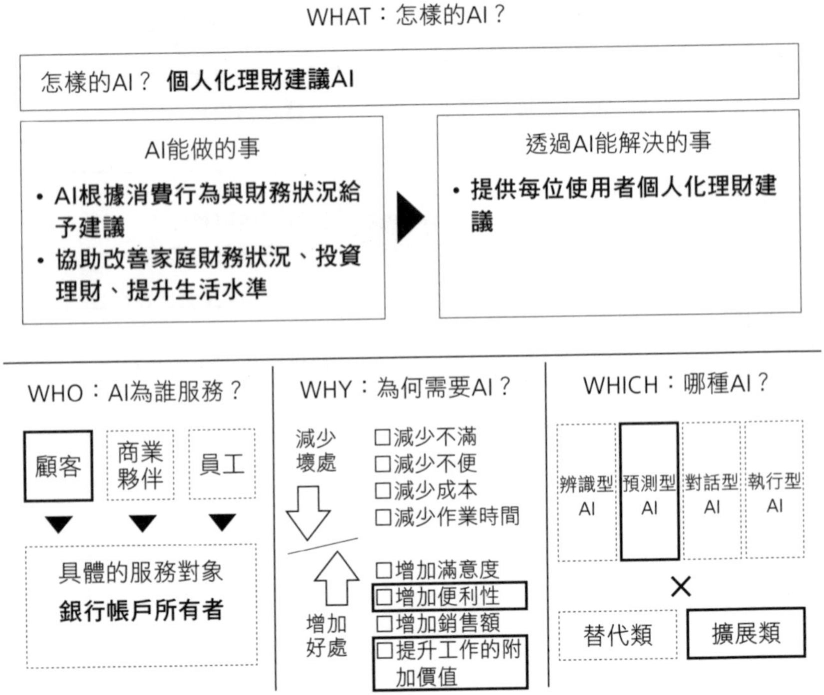
WHAT：怎樣的AI？
怎樣的AI？ 個人化理財建議AI
AI能做的事
• AI根據消費行為與財務狀況給予建議
• 協助改善家庭財務狀況、投資理財、提升生活水準
透過AI能解決的事
• 提供每位使用者個人化理財建議
WHO：AI為誰服務？
顧客
商業夥伴
員工
具體的服務對象
銀行帳戶所有者
WHY：為何需要AI？
減少壞處
□減少不滿
□減少不便
□減少成本
□減少作業時間
增加好處
□增加滿意度
□增加便利性
□增加銷售額
□提升工作的附加價值
WHICH：哪種AI？
辨識型AI
預測型AI
對話型AI
執行型AI
×
替代類
擴展類

醫療、長照、專業人士

日本EXAWIZARDS與日本神奈川縣合作，著手實證測試「預測長照需求等級」ＡＩ

預測型 × 擴展類

案例概要

- EXAWIZARDS公司開發了**預測未來長照需求等級**的ＡＩ
- 運用神奈川縣政府的**長照判定資料、長照給付資料實際測試**
- 以長照相關資料訓練ＡＩ，**預測**每位居民的**長照需求等級**和**看護費用**
- 預測若維持現狀發展，**未來會有什麼變化**
- 根據長照需求等級分數紀錄，能確認**長照措施的施行效果**
- 有助於未來**更有效率地規劃**成本效益高的**長照措施**

能解決的事 **根據預測，有系統地執行長照措施／找出成本效益高的長照措施**

（資料來源）https://EXAWIZARDS.com/archives/3282

圖表6-41　長照需求等級預測服務

針對地方政府長照需求等級的預測服務

■讓人工智慧學習長照相關資料，藉以預測每位居民的長照需求等級

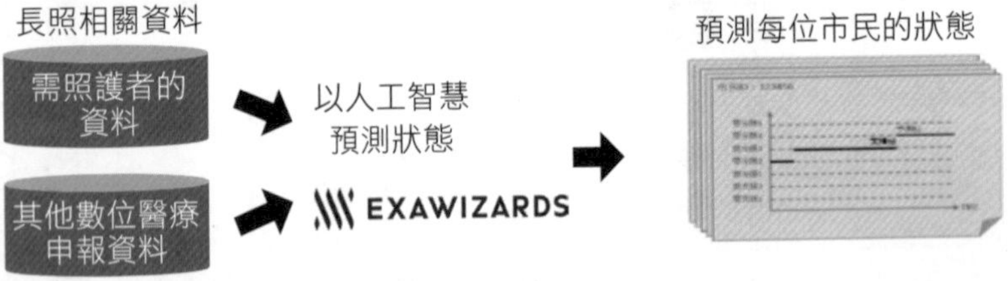
長照相關資料
需照護者的資料
其他數位醫療申報資料
以人工智慧預測狀態
EXAWIZARDS
預測每位市民的狀態

因為有了預測資料，照護介入效果得以視覺化、量化

上一年度資料		預測	介入	結果
2017 實績	2018 實績	2019 AI預測	2019 實績	
長照需求 4	長照需求 4	長照需求 5	有	長照需求 4
長照需求 4	長照需求 4	長照需求 5	無	長照需求 5

（EXAWIZARDS 提供）

圖表6-42　日本EXAWIZARDS「與日本神奈川縣合作，著手實證測試『長照需求等級預測AI』」

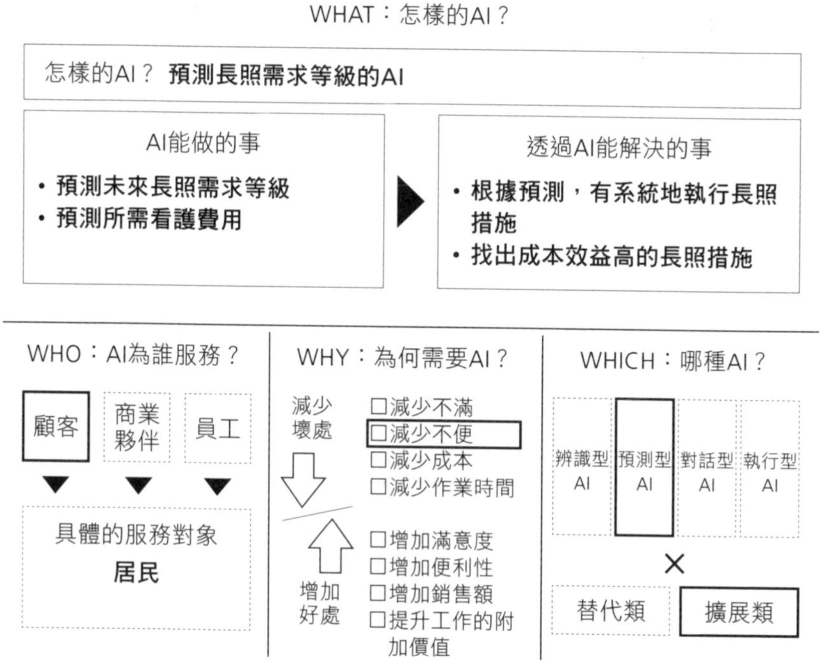
WHAT：怎樣的AI？
怎樣的AI？ 預測長照需求等級的AI
AI能做的事
• 預測未來長照需求等級
• 預測所需看護費用
透過AI能解決的事
• 根據預測，有系統地執行長照措施
• 找出成本效益高的長照措施
WHO：AI為誰服務？
顧客
商業夥伴
員工
具體的服務對象
居民
WHY：為何需要AI？
減少壞處
☐減少不滿
☐減少不便
☐減少成本
☐減少作業時間
增加好處
☐增加滿意度
☐增加便利性
☐增加銷售額
☐提升工作的附加價值
WHICH：哪種AI？
辨識型AI
預測型AI
對話型AI
執行型AI
×
替代類
擴展類

醫療、長照、專業人士

日本Ubie
提升醫療第一線工作效率的AI問診

對話型 × 替代類

案例概要

- 過去診間內為了填寫電子病歷紀錄而進行的問診，與病患填寫的紙本問診資料**重複**了
- AI問診能將病患填寫的內容轉換成醫療術語，**自動寫入病例**
- 由**現任醫師**與工程師開發
- 以約五萬篇論文資料為基礎，AI配合**每位病患的症狀、地區、年齡，自動產生問診問題**
- 病患只需依序點選回答平板上的問題，**約三分鐘就能輸入完畢**
- 包含十三間大型醫院，**已有一百間醫療機構導入系統**
- 減少醫生的行政工作，有些**醫院的門診問診時間還縮短至原本的三分之一**

能解決的事　**解決醫師不足的問題／增加病患診療時間**

（資料來源）https://ledge.ai/ubie-ai-medical-interview/

圖表6-43　日本Ubie「提升醫療第一線工作效率的AI問診」

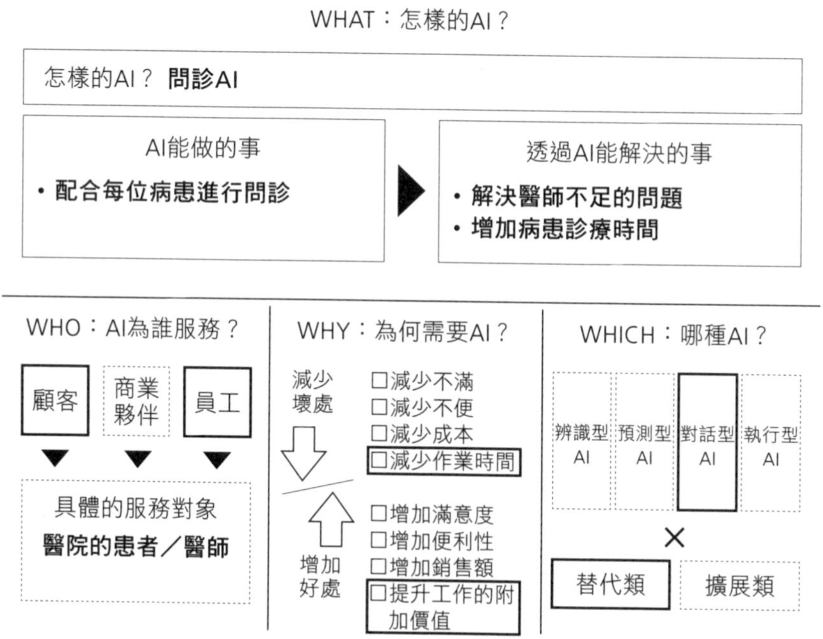
WHAT：怎樣的AI？
怎樣的AI？ 問診AI
AI能做的事
・配合每位病患進行問診
透過AI能解決的事
・解決醫師不足的問題
・增加病患診療時間
WHO：AI為誰服務？
顧客
商業夥伴
員工
具體的服務對象
醫院的患者／醫師
WHY：為何需要AI？
減少壞處
□減少不滿
□減少不便
□減少成本
□減少作業時間
增加好處
□增加滿意度
□增加便利性
□增加銷售額
□提升工作的附加價值
WHICH：哪種AI？
辨識型AI
預測型AI
對話型AI
執行型AI
×
替代類
擴展類

醫療、長照、專業人士

日本GVA TECH AI-CON：「輔助立定與審閱契約書的ＡＩ服務」

預測型 × 替代類

案例概要

- 「AI CON」是能**輔助立定與審閱契約書**的ＡＩ服務
- 是**根據**律師**過往經驗**建置而成的ＡＩ服務
- 有三項功能：「**撰寫契約書草稿**」「**審閱契約書**」「**撰寫協商郵件**」
- 以是非題進行問答。依照使用者對**關鍵法律問題的回答**，顯示不同項目，並從大量法律條文中組合出契約書
- 上傳契約後，會根據立場做出「有利、些許有利、持平、些許不利、不利」五等分評估，產出**審閱結論**，**判斷契約屬於有利／不利**
- 根據契約書修正內容，**自動撰寫用於協商的郵件**

能解決的事　**解決律師／司法人員不足的問題**

（資料來源）https://ledge.ai/theai-3rd-gva-tech/

圖表6-44　AI與契約業務的共通點

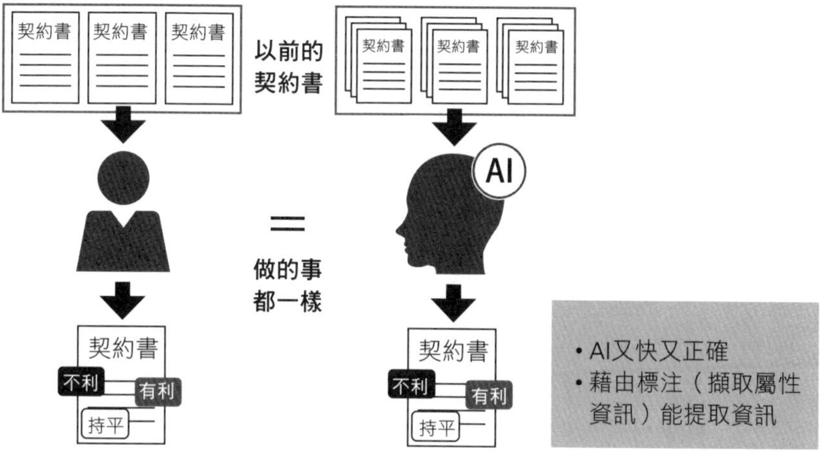

（GVA TECH 提供）

圖表6-45　AI CON：「輔助立定與審閱契約書的AI服務」

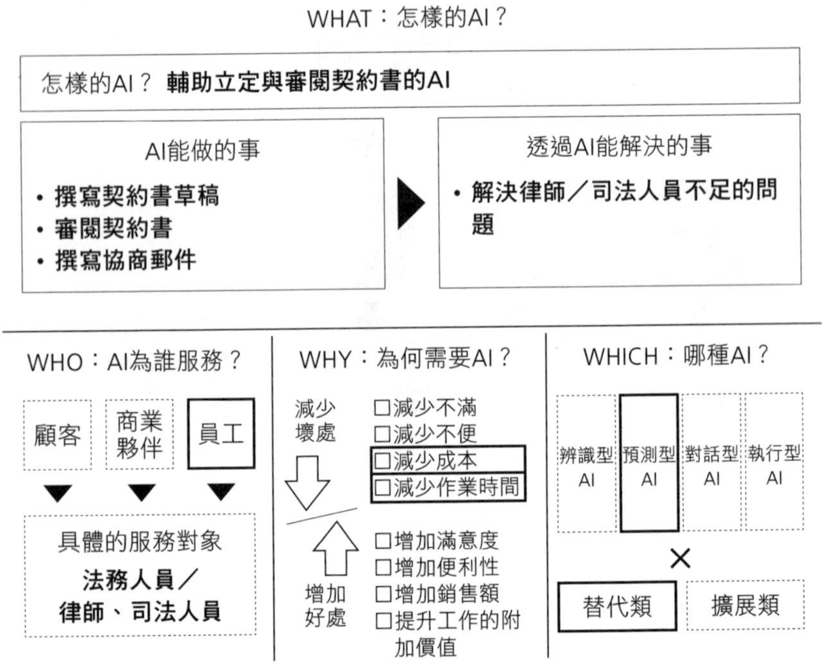
WHAT：怎樣的AI？
怎樣的AI？ 輔助立定與審閱契約書的AI
AI能做的事
• 撰寫契約書草稿
• 審閱契約書
• 撰寫協商郵件
透過AI能解決的事
• 解決律師／司法人員不足的問題
WHO：AI為誰服務？
顧客
商業夥伴
員工
具體的服務對象
法務人員／律師、司法人員
WHY：為何需要AI？
減少壞處
□減少不滿
□減少不便
□減少成本
□減少作業時間
增加好處
□增加滿意度
□增加便利性
□增加銷售額
□提升工作的附加價值
WHICH：哪種AI？
辨識型AI
預測型AI
對話型AI
執行型AI
替代類
擴展類

人才、教育

日本SoftBank以AI提升新人招募效率

預測型 × 替代類

案例概要

- SoftBank在**新人招募上**活用AI
- 讓AI**學習過去所有應徵申請表**，建立AI模型
- **由AI判斷**應徵申請表是否合格
- 判斷為不合格的應徵申請表，再**由人類確認**
- 將處理時間縮減為**過往四分之一**
- 換算一年可將處理時間從**原本六百八十小時縮減至一百七十小時**

能解決的事 **節省招募人資的工作時間**

（資料來源）https://special.nikkeibp.co.jp/atcl/NBO/17/ibm_SoftBank/

圖表6-46　判斷應徵申請表是否合格

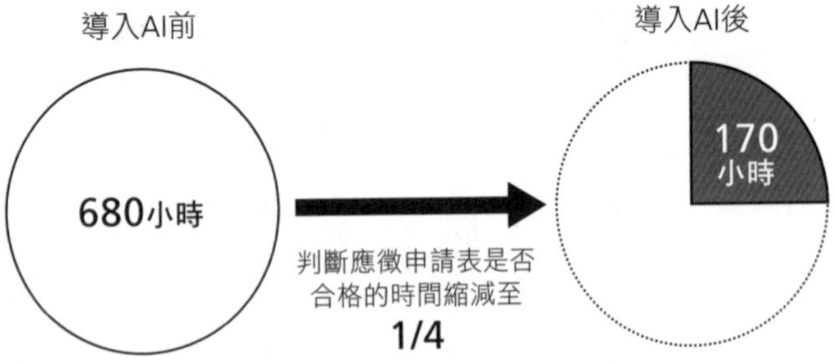

圖表6-47　日本SoftBank「評判應徵申請表」

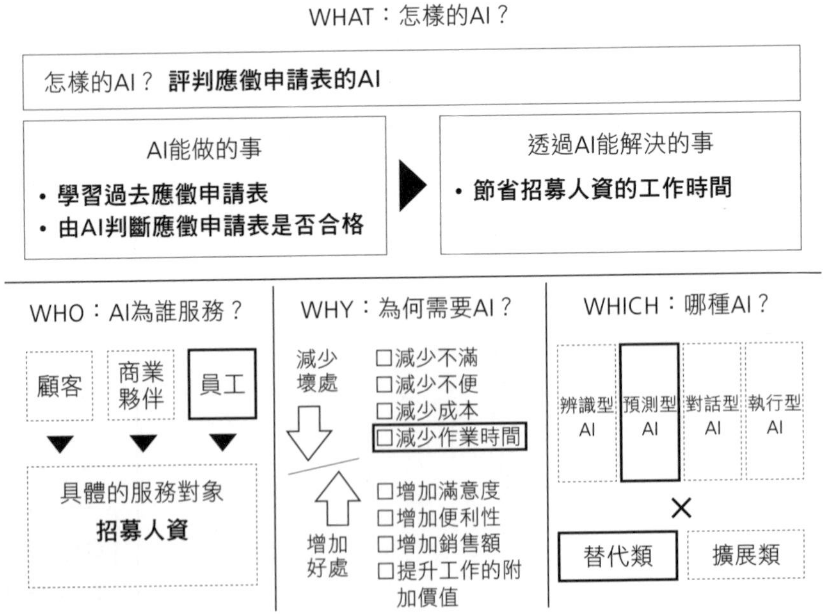

人才、教育

日本atama plus最佳化每個人的學習

預測型 × 替代類

案例概要

- atama plus運用ＡＩ，提供「**個人專用課程**（學習）」
- 綜合擅長、不擅長、進步、瓶頸、專心狀態、遺忘程度，將課程最佳化
- 整體機制為**ＡＩ透過診斷測驗，找出題目解不出來的原因**，讓使用者重新學習以根除原因
- 課程模式有「**十的三千八百七十次方**」種以上

能解決的事

提升課業指導能力／配合每個人給予指導

「某位學生透過『atama＋』學習基礎數學&數學Ａ十九小時四十五分後，原本滿分一百只拿到四十三分的考試，分數提升至八十三分。（中略）也有學生在冬季衝刺課程學習基礎數學&數學Ａ約兩週後，在正式大考進步幅度達平均的一點五倍」

（資料來源）《EdTechZine》ＡＩ「atama老師」，將每位學生的學習最佳化（二〇一九年九月二十七日）https://edtechzine.jp/article/detail/2560

圖表6-48　重新學習瓶頸單元

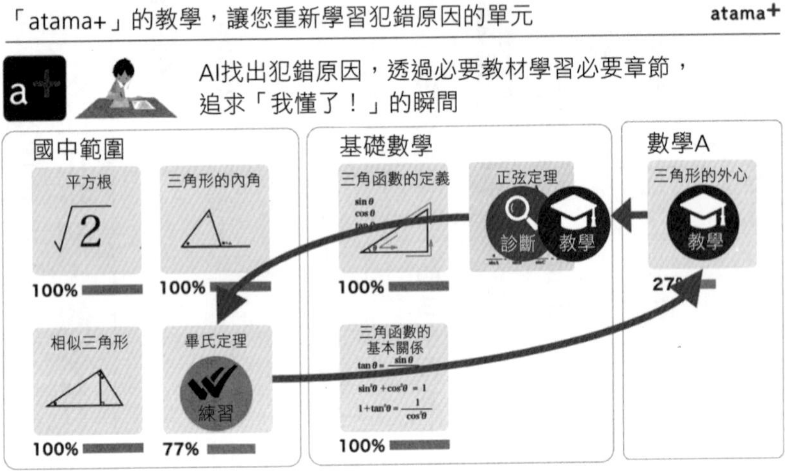

（atama plus 提供）

圖表6-49　日本atama plus「最佳化每個人的學習課程」

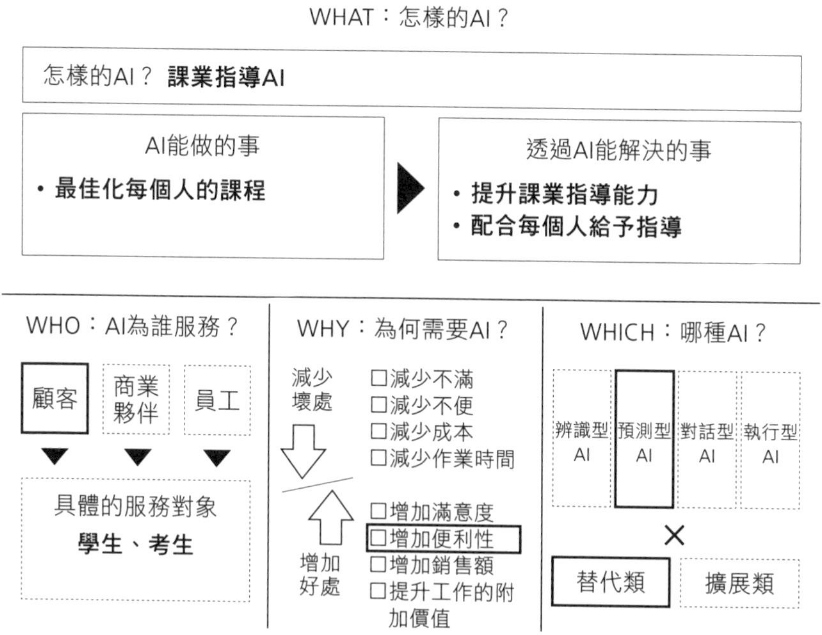
WHAT：怎樣的AI？
怎樣的AI？ 課業指導AI
AI能做的事
・最佳化每個人的課程
透過AI能解決的事
・提升課業指導能力
・配合每個人給予指導
WHO：AI為誰服務？
顧客
商業夥伴
員工
具體的服務對象
學生、考生
WHY：為何需要AI？
減少壞處
□減少不滿
□減少不便
□減少成本
□減少作業時間
增加好處
□增加滿意度
□增加便利性
□增加銷售額
□提升工作的附加價值
WHICH：哪種AI？
辨識型AI
預測型AI
對話型AI
執行型AI
×
替代類
擴展類

人才、教育

日本AEON會話教室等以ＡＩ評價英語發音

對話型 × 替代類

案例概要

- AEON會話教室與KDDI綜合研究所，共同開發專為日本人設計的**英語發音評價ＡＩ**
- **由ＡＩ解析**英語發音並**給予評價**
- 蒐集**兩百五十位學生兩百零四個片語的發音資料**，並由教師評分，作為「監督式學習資料集」
- 評價項目共四項：綜合評價、語調（兩單字連音變化）、節奏、發音正確性，改善點也一目瞭然
- 已開始提供部分AEON會話教室學生，作為**居家學習之用**

能解決的事　**發音指導系統化**

（資料來源）《CNET Japan》二〇一九年十一月二十三日
https://japan.cnet.com/article/35129120/

圖表6-50　日本AEON會話教室與KDDI綜合研究所「開發英語發音評價系統」

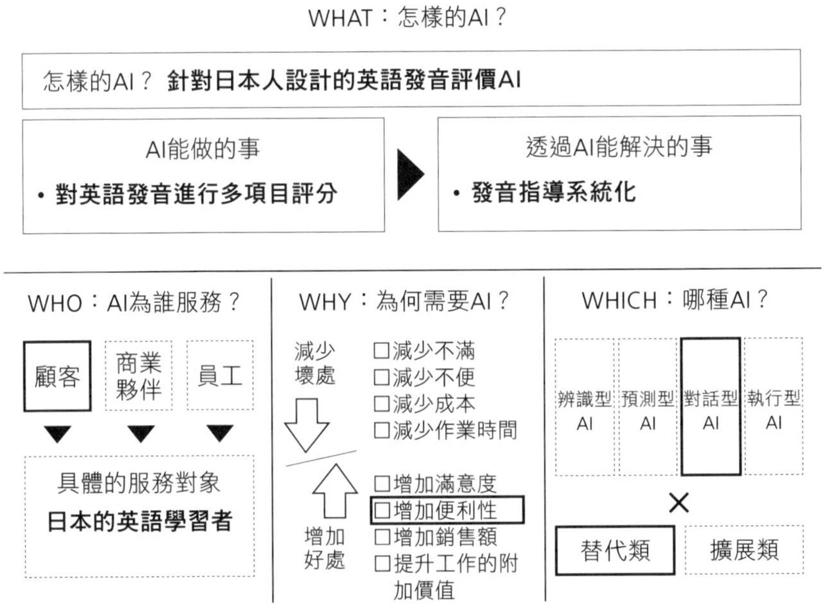
WHAT：怎樣的AI？
怎樣的AI？ 針對日本人設計的英語發音評價AI
AI能做的事
• 對英語發音進行多項目評分
透過AI能解決的事
• 發音指導系統化
WHO：AI為誰服務？
顧客
商業夥伴
員工
具體的服務對象
日本的英語學習者
WHY：為何需要AI？
減少壞處
增加好處
□減少不滿
□減少不便
□減少成本
□減少作業時間
□增加滿意度
□增加便利性
□增加銷售額
□提升工作的附加價值
WHICH：哪種AI？
辨識型AI
預測型AI
對話型AI
執行型AI
×
替代類
擴展類

客服中心

日本Kanden CS Forum以ＡＩ預測客服中心話務量

預測型 × 擴展類

案例概要

- Kanden CS Forum（關西電力百分之百子公司），建置ＡＩ**預測**客服中心**諮詢量**
- 使用**約四千萬筆資料**，皆由能源產業企業提供
- **將約五年半的話務量資料**作為ＡＩ學習資料
- 以客服中心為單位，建置話務量預測ＡＩ
- 能排除「Unique話務（重複來電）」，預測來電數

能解決的事 **排出客服中心員工的最佳班表／成本最佳化**

（資料來源）http://www.kcsf.co.jp/contact/ai.html

圖表6-51　客服中心話務量預測

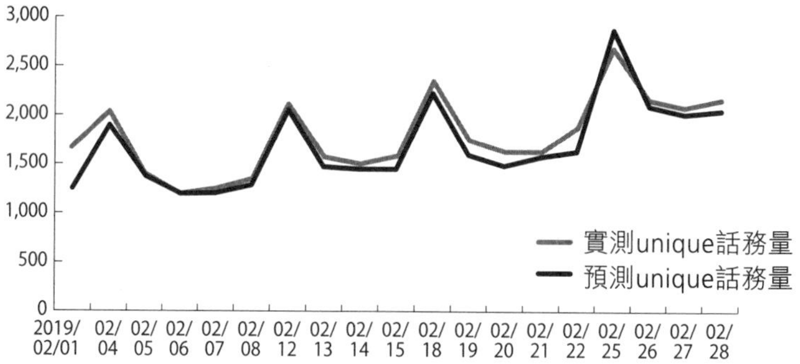

（Kanden CS Forum 提供）

圖表6-52　日本關西電力「客服中心話務量預測」

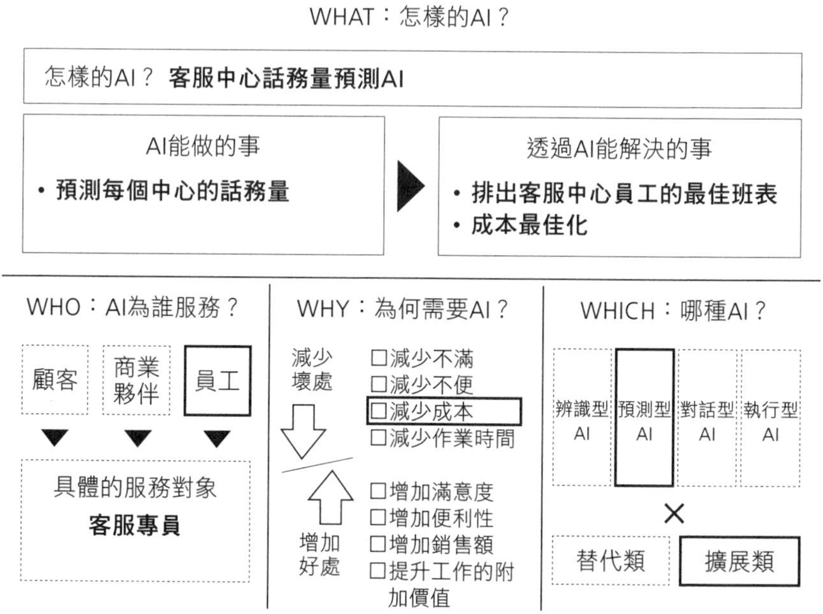

客服中心

日本transcosmos
預測準備離職者，半年就讓離職者減半

預測型 × 擴展類

案例概要

- transcosmos運用ＡＩ，**預測**客服中心**準備離職的員工**
- 根據**客服專員屬性、出缺勤、工作表現**等預測是否離職
- **預測精準度達九十五％**
- 對準備離職的員工，事先實施**預防措施**
- 成功**阻止近半數準備離職者**

能解決的事　**能事先實施預防措施／改善離職率**

（資料來源）https://www.itmedia.co.jp/enterprise/articles/1809/05/news001.html

圖表6-53　客服專員離職預測模型與預防離職方案

■使用來自全國客服中心據點的學習資料（客服專員屬性、出缺勤、工作表現），建置預測模型。能列出高分的準備離職員工清單，並匯總每月離職理由。第一線管理者會運用這些資料，每個月進行面談。

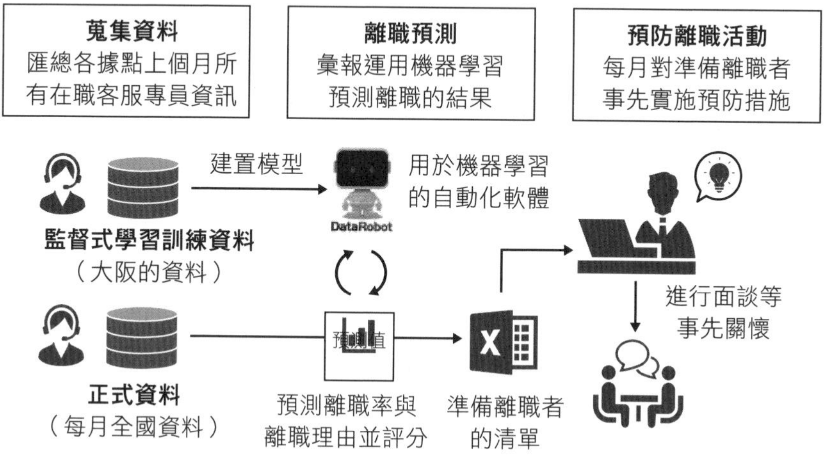

蒐集資料
匯總各據點上個月所有在職客服專員資訊
離職預測
彙報運用機器學習預測離職的結果
預防離職活動
每月對準備離職者事先實施預防措施
建置模型
用於機器學習的自動化軟體
DataRobot
監督式學習訓練資料
（大阪的資料）
預測值
正式資料
（每月全國資料）
預測離職率與離職理由並評分
準備離職者的清單
進行面談等事先關懷

（transcosmos 提供）

圖表6-54　日本transcosmos「預測準備離職者」

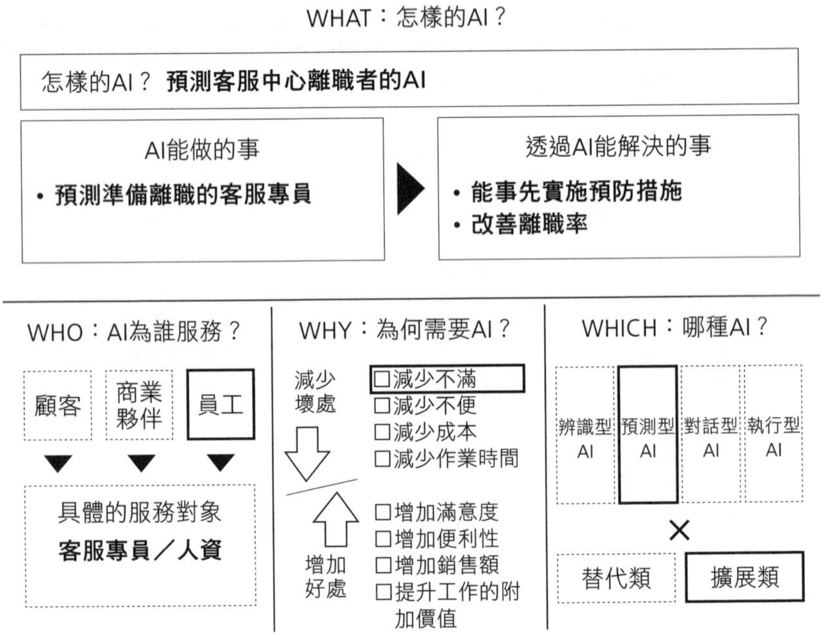
WHAT：怎樣的AI？
怎樣的AI？ 預測客服中心離職者的AI
AI能做的事
• 預測準備離職的客服專員
透過AI能解決的事
• 能事先實施預防措施
• 改善離職率
WHO：AI為誰服務？
顧客
商業夥伴
員工
具體的服務對象
客服專員／人資
WHY：為何需要AI？
減少壞處
□減少不滿
□減少不便
□減少成本
□減少作業時間
增加好處
□增加滿意度
□增加便利性
□增加銷售額
□提升工作的附加價值
WHICH：哪種AI？
辨識型AI
預測型AI
對話型AI
執行型AI
×
替代類
擴展類

客服中心

日本KARAKURI保證準確率九十五%的聊天機器人

對話型 × 替代類

案例概要

- KARAKURI提供的AI聊天機器人服務，**保證準確率達九十五%**
- 是**AI學習型**服務
- 在客服中心實務上，整體工作內容近八成是不斷重複的制式問答，約**五十%的客服專員進公司當月就辭職了**
- **讓AI聊天機器人代替執行**制式問答
- 當AI回答的**準確率超過九十五%時**，就會正式出貨給客服中心
- 正因為這項服務已提供多家公司，**各業界監督式學習訓練資料**能**共通使用**，更能提升精準度

能解決的事　**代替執行制式應答／維持員工工作動力／節省成本**

（資料來源）https://industry-co-creation.com/catapult/32608

圖表6-55　準確率95%的AI聊天機器人「KARAKURI」

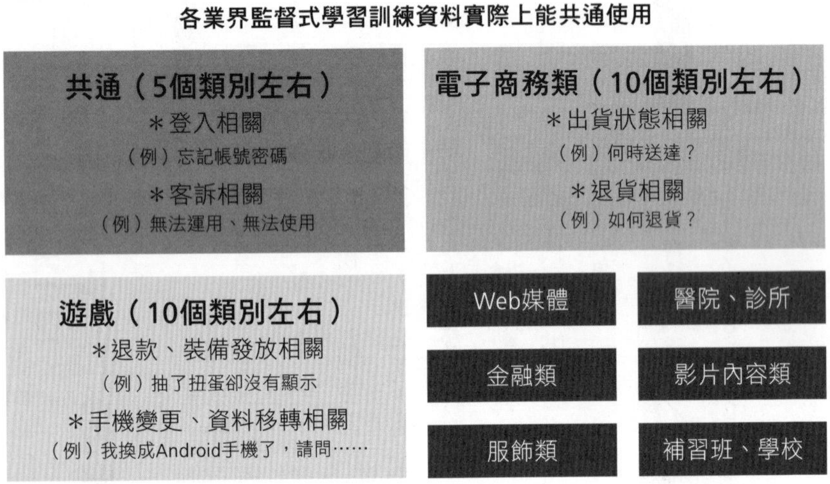
各業界監督式學習訓練資料實際上能共通使用
共通（5個類別左右）
＊登入相關
（例）忘記帳號密碼
＊客訴相關
（例）無法運用、無法使用
電子商務類（10個類別左右）
＊出貨狀態相關
（例）何時送達？
＊退貨相關
（例）如何退貨？
遊戲（10個類別左右）
＊退款、裝備發放相關
（例）抽了扭蛋卻沒有顯示
＊手機變更、資料移轉相關
（例）我換成Android手機了，請問……
Web媒體
醫院、診所
金融類
影片內容類
服飾類
補習班、學校

（KARAKURI.INC. 提供）

圖表6-56　日本KARAKURI「保證準確率95%的聊天機器人」

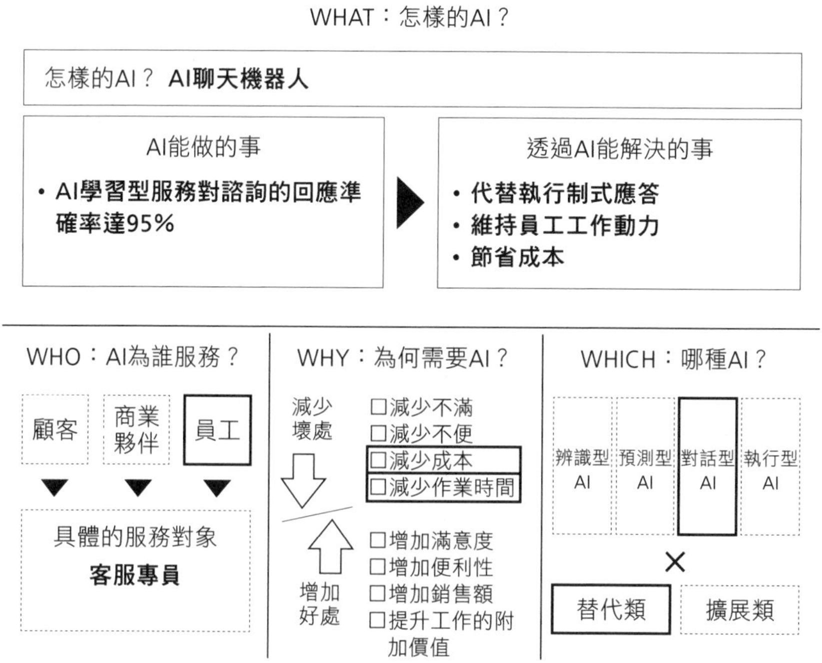
WHAT：怎樣的AI？
怎樣的AI？ AI聊天機器人
AI能做的事
• AI學習型服務對諮詢的回應準確率達95%
透過AI能解決的事
• 代替執行制式應答
• 維持員工工作動力
• 節省成本
WHO：AI為誰服務？
顧客
商業夥伴
員工
具體的服務對象
客服專員
WHY：為何需要AI？
減少壞處
□減少不滿
□減少不便
□減少成本
□減少作業時間
增加好處
□增加滿意度
□增加便利性
□增加銷售額
□提升工作的附加價值
WHICH：哪種AI？
辨識型AI
預測型AI
對話型AI
執行型AI
×
替代類
擴展類

客服中心

日本So-net導入語音辨識AI，提升客服專員工作效率

對話型 × 替代類

案例概要

- So-net（Sony Network Communications）將**AI語音辨識系統導入客服中心**
- AI語音辨識系統會將**語音記錄成文字資料**
- 每次解決諮詢問題後的**結尾處理時間縮短了九十秒**
- 通話視覺化讓**應對品質更好、更平均**
- 可望**減少人事費用**

能解決的事　**提升客服專員工作效率／節省成本**

「該公司經營的客服中心，在全國八個據點共一千四百席，負責處理客戶諮詢，像是服務的使用方式與障礙排除等。該公司導入AI語音辨識系統，目標是為了減少客服中心應答品質與成效不均的情況，並希望能在人才不足的客服市場也能穩定經營客服中心。

圖表6-57　日本So-net「導入語音辨識AI，提升客服專員工作效率」

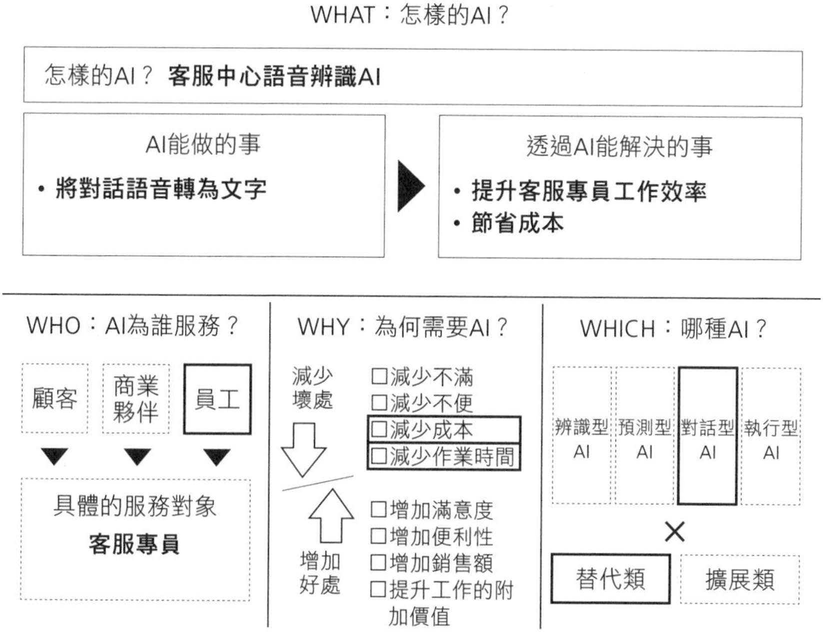
WHAT：怎樣的AI？
怎樣的AI？ 客服中心語音辨識AI
AI能做的事
• 將對話語音轉為文字
透過AI能解決的事
• 提升客服專員工作效率
• 節省成本
WHO：AI為誰服務？
顧客
商業夥伴
員工
具體的服務對象
客服專員
WHY：為何需要AI？
減少壞處
□減少不滿
□減少不便
□減少成本
□減少作業時間
增加好處
□增加滿意度
□增加便利性
□增加銷售額
□提升工作的附加價值
WHICH：哪種AI？
辨識型AI
預測型AI
對話型AI
執行型AI
×
替代類
擴展類

「導入AI語音辨識系統後，提升了客服專員的工作效率，結束問題後的結尾處理時間也縮短了九十秒，預計能大幅減少人事費用。而通話視覺化也可望帶來應答品質提升、讓應答品質更平均的效果」

（資料來源）
《CCplusforbiz》3.導入案例：Sony Network Communications活用AI語音辨識系統的方法
https://callcenternavi.jp/ccplus/forbiz/10539/

生活服務、警衛、公共事業

日本埼玉市
運用空拍照片比對AI，調查固定資產稅

辨識型 × 替代類

案例概要

- **原先由人類一張張比對空拍照片**，決定房屋的固定資產稅額，埼玉市決定導入AI，代替人類處理
- 以空拍照片訓練AI辨識可能是新建、增建的房屋
- 過去兩個人需花費三天的工作，現在**只要十幾分鐘**就能完成
- **縮減了九成工作時間**
- 能**自動排除**非課稅對象設施

能解決的事　**節省市府員工的工作時間**

（資料來源）https://www3.nhk.or.jp/news/html/20190903/k10012060981000.html

圖表6-58　日本埼玉市「運用空拍照片比對AI，調查固定資產稅」

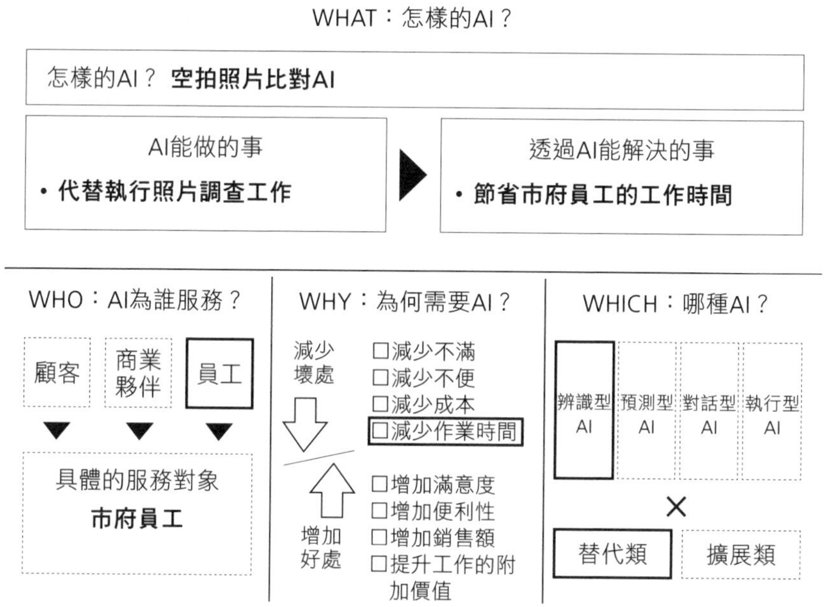
WHAT：怎樣的AI？
怎樣的AI？ 空拍照片比對AI
AI能做的事
• 代替執行照片調查工作
透過AI能解決的事
• 節省市府員工的工作時間
WHO：AI為誰服務？
顧客
商業夥伴
員工
具體的服務對象
市府員工
WHY：為何需要AI？
減少壞處
□減少不滿
□減少不便
□減少成本
□減少作業時間
增加好處
□增加滿意度
□增加便利性
□增加銷售額
□提升工作的附加價值
WHICH：哪種AI？
辨識型AI
預測型AI
對話型AI
執行型AI
×
替代類
擴展類

生活服務、警衛、公共事業

日本ALSOK
AI自動偵測需要協助者

辨識型 × 替代類

案例概要

- ALSOK（綜合警備保障）開始實證測試AI，該系統能**自動偵測「需要協助者」的行為舉止**
- 自動偵測需要協助者，像是因迷路而東張西望的人、因身體不適而蹲著的人等
- 能**偵測**身體不舒服的人等，並發送通知到**警衛的手機**
- AI**能輔助警衛「巡視」**，掌握更詳細的情況
- 目標是**提升區域安全、防止各類事故**

能解決的事　**提升偵測到「需要協助者」的機率**

（資料來源）https://www.alsok.co.jp/company/news/news_details.htm?cat=2&id2=898

圖表6-59　發送資訊到警衛的手機

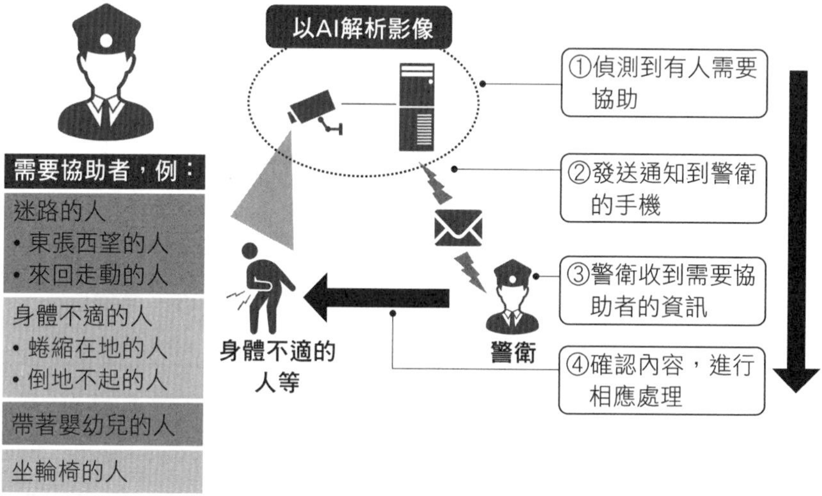

（資料來源）MITSUBISHI ESTATE、PKSHA Technology、ALSOK

圖表6-60　日本ALSOK「AI自動偵測需要協助者」

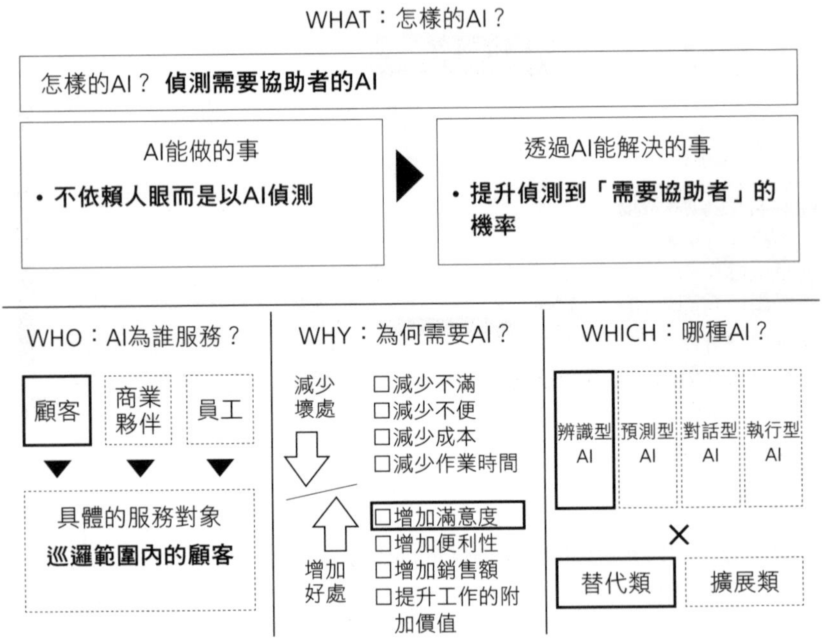
WHAT：怎樣的AI？
怎樣的AI？ 偵測需要協助者的AI
AI能做的事
• 不依賴人眼而是以AI偵測
透過AI能解決的事
• 提升偵測到「需要協助者」的機率
WHO：AI為誰服務？
顧客
商業夥伴
員工
具體的服務對象
巡邏範圍內的顧客
WHY：為何需要AI？
減少壞處
□減少不滿
□減少不便
□減少成本
□減少作業時間
增加好處
□增加滿意度
□增加便利性
□增加銷售額
□提升工作的附加價值
WHICH：哪種AI？
辨識型AI
預測型AI
對話型AI
執行型AI
×
替代類
擴展類

生活服務、警衛、公共事業

日本氣象協會
每小時降雨量預測

預測型 × 擴展類

案例概要

- 日本氣象協會運用**深度學習**，**大幅改善**天氣預報精準度
- 無須超級電腦，**短時間內也能做出詳細降雨預測**
- 成功縮短天氣預測間隔時間，從**三小時變為以每小時為單位**
- 此外，**預測範圍也更精細**，從二十公里見方縮小為五公里見方
- 未來也會推廣到風速觀測等，**目標是在防災、減災派上用場**

能解決的事 **讓天氣預報更詳細、更精確**

（資料來源）https://www.itmedia.co.jp/news/articles/1908/30/news112.html

圖表6-61　預測降雨量

	過去粗略的預測	新開發AI的預測
降雨預測		
空間	20公里網格	5公里網格
時間	3小時總雨量	每小時雨量

新技術的內容	能得到的3個好處
透過AI、Big data， 降低時間、空間的尺度 20公里 → 5公里 3小時 → 1小時	• 預測**更詳細** • **縮短**運算時間 • **無需**超級電腦

※以上解說基於GSM模型。降低時間、空間的尺度的手法，也能套用至其他預測模型
（日本氣象協會 提供）

圖表6-62　日本氣象協會「預測每小時降雨量的AI」

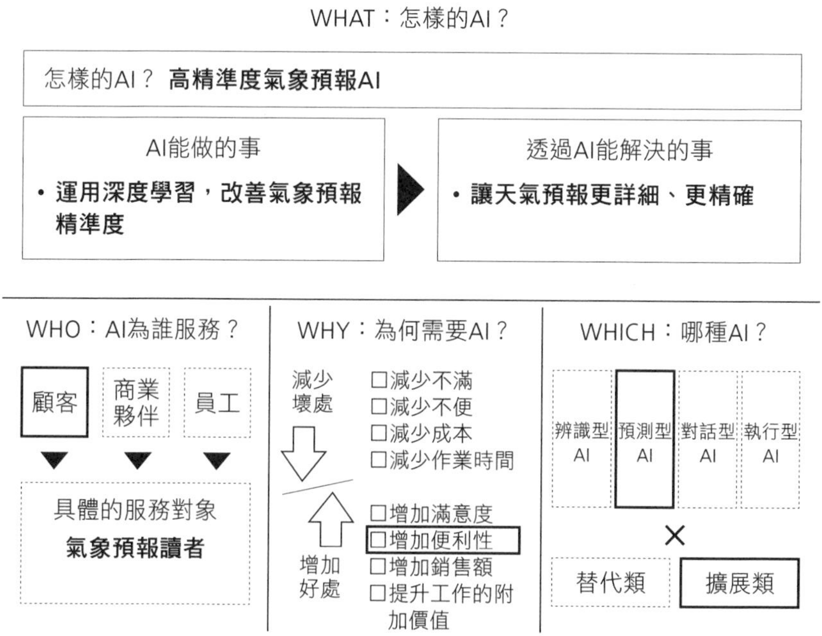
WHAT：怎樣的AI？
怎樣的AI？ 高精準度氣象預報AI
AI能做的事
• 運用深度學習，改善氣象預報精準度
透過AI能解決的事
• 讓天氣預報更詳細、更精確
WHO：AI為誰服務？
顧客
商業夥伴
員工
具體的服務對象
氣象預報讀者
WHY：為何需要AI？
減少壞處
☐減少不滿
☐減少不便
☐減少成本
☐減少作業時間
增加好處
☐增加滿意度
☐增加便利性
☐增加銷售額
☐提升工作的附加價值
WHICH：哪種AI？
辨識型AI
預測型AI
對話型AI
執行型AI
×
替代類
擴展類

第七章

文科AI人才將改變社會

How
AI & the Humanities Work
Together

ＡＩ為「消費者、公司、工作者」所帶來的改變

ＡＩ帶來的三個變化

在學過ＡＩ基礎知識、ＡＩ建立方法、ＡＩ用語、ＡＩ案例後，相信對各位讀者而言，ＡＩ已不再是個陌生的存在了。越是瞭解ＡＩ，就越能感受到ＡＩ的可能性對吧。

充滿各種可能性的ＡＩ，將大大改變我們身處的社會。具體而言，ＡＩ將會對**「消費者、公司、工作者」造成巨大改變**（圖表7-1）。

網際網路與數位環境也大幅躍進，加重了ＡＩ對社會所帶來的改變。５Ｇ（新的通訊標準）大幅提升網際網路速度，而將各種物品透過網際網路相連的ＩｏＴ也更普及，我們正往「萬物皆連網的社會」邁進。

「高速網路相連的社會」將產生什麼呢？或許大家已經猜到了，這代表**ＡＩ的學習資料將會大量產生**。對於透過學習資料而成長的ＡＩ而言，是求之不得的改變。

在５Ｇ與ＩｏＴ的推波助瀾下，ＡＩ運用也更加廣泛。隨著ＡＩ運用演

圖表7-1　AI帶來的3個變化

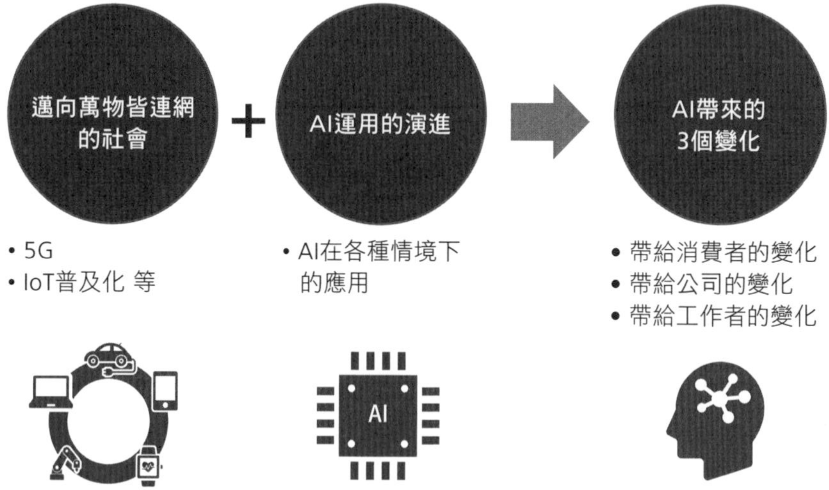
邁向萬物皆連網的社會
＋
AI運用的演進
AI帶來的3個變化
• 5G
• IoT普及化 等
• AI在各種情境下的應用
• 帶給消費者的變化
• 帶給公司的變化
• 帶給工作者的變化
AI

進，也加速改變「消費者、公司、工作者」。

ＡＩ帶給消費者的變化

ＡＩ帶給消費者哪些變化呢？例如：

- 由ＡＩ控制家中物品，帶來「舒適的生活」
- ＡＩ每天早上朗讀「專為自己整理的新聞」
- ＡＩ先將適合自己的商品「放入購物車」
- 購買不適合自己的商品當下「ＡＩ出面阻止」

- 隨著ＡＩ自動駕駛技術進展，「小孩也能獨自坐車」
- 人類交談對象「近半數為ＡＩ」

等，包含現在還無法想像的事，就算在不久的將來得以實現也不足為奇。

此外，我們現在熟悉的事物也與過去大不相同。例如，Amazon Alexa辨識人聲，回應我們各種需求；音樂會依據個人喜好自動推薦；手機ＡＰＰ辨識臉部，再加上各種特效做出娛樂效果；從學校活動的照片中，替我們挑出只有包含自己的照片。像這些我們習以為常的事，都因為背後有ＡＩ運作才得以實現。

在未來，**包含生活、資訊獲取、購物方法、交通移動、對人溝通的模式等，ＡＩ也會繼續像這樣為消費者的各種生活場景**，帶來巨大的改變。

ＡＩ帶給「公司」的變化

前面已介紹ＡＩ會帶給消費者的變化，接著來談談ＡＩ帶給公司的變化。

像是公司剛導入個人電腦與網際網路，以及開始使用智慧型手機與平板電腦，都是不久之前的事。雖然現在無法想像在公司沒有個人電腦、網際網路與智慧型手機的人漸成多數，但全手寫文件與郵寄傳真，外出時以公共電話聯繫，**也不過是三十年前**的事情而已。

所謂的新技術，就是剛開始雖然會有抗拒，一旦習慣後就變成理所當然的存在。現在的ＡＩ正是符合這種情況。

ＡＩ可能帶給公司以下變化：

- 公司內「幾乎每個流程都活用ＡＩ」，提升了產能
- 重大決策「一定確認過ＡＩ的預測資料」後才定案
- 公司內「透過ＡＩ分配預算」
- 為了確保人事評價的公平性，「以ＡＩ打的分數為主」
- 公司來電「由ＡＩ負責所有接線工作」
- 市面上幾乎看不到「沒有內建」ＡＩ的商品
- 公司健全程度與前景「主要以活用ＡＩ的程度來評價」

等，想必ＡＩ也會為「公司」帶來各種改變。

AI帶給「工作者」的變化

若公司發生變化，自然也會影響到「工作者」。為了不在AI社會中失業，或許我們更該關心的是AI對工作者造成的變化。工作者的變化可分為兩大類，一類是對**白領階級**造成的變化，另一類是對**藍領階級**造成的變化。

腦力勞動的白領階級可能有這些變化：

- 以「AI自動回覆」就能處理絕大部分的郵件
- 以「AI語音電話」取代電話推銷
- AI替我們標記「工作分配與優先順序」
- 文件完成後不是給上司檢查，而是「交給AI」
- 由AI執行會議「議程製作、會議紀錄、ToDo管理」
- AI代替我們「管理數據、預測實際銷售額」
- 白領階級的主要工作「變成管理AI」

而對藍領階級可能造成以下變化：

- 大部分工作要「照ＡＩ的指示」執行
- 與「ＡＩ共事」的機會變多
- 工作者「佩戴搭載ＡＩ的裝置」，提升工作效率
- 維護「搭載ＡＩ機器人」的工作增加
- 工作會先因為ＡＩ和機器人而「大量減少」

以上就是ＡＩ可能帶給「消費者、公司、工作者」巨大改變。這些預期的變化或許離我們還很遠，但我們無法置身事外，因為這些變化會與**我們的生活、工作方式直接相關**。

就像在行業×活用類型的ＡＩ案例中所提，已有許多企業與團體因ＡＩ而產生變化。本書最後將焦點放在活用ＡＩ著力於改變社會的企業與業界，搭配具體例子一併瞭解「消費者、公司、工作者」的變化。

引領ＡＩ社會的Amazon

活用ＡＩ的領導企業

談到應用ＡＩ帶來改變的代表性領導企業，就數Amazon.com（以下稱Amazon）了。Amazon分別對「消費者、公司、工作者」造成以下改變：

Amazon的ＡＩ帶給消費者的變化

- 運用ＡＩ的無人商店Amazon GO
- 智慧音箱Alexa讓語音控制更普遍
- Amazon.com的個人化購物體驗

Amazon的ＡＩ帶給公司的變化

- 以需求預測ＡＩ最佳化採購
- 以ＡＩ動態訂價

Amazon的ＡＩ帶給工作者的變化

- 物流倉庫ＡＩ化

・無人機宅配

Amazon不只在自家公司使用ＡＩ，還推出企業版服務，讓其他企業也能活用ＡＩ於各種情境。本書也介紹過，像是提供平台給企業建立能與系統連動的ＡＩ；或是提供服務讓企業能直接使用Amazon的個人化ＡＩ與需求預測ＡＩ，Amazon都有提供。

運用ＡＩ的無人商店Amazon GO

Amazon在日本開設了一間類似便利超商的無人商店，只要下載Amazon GO的手機ＡＰＰ，登入Amazon帳號，在入口閘門刷一下手機螢幕顯示的QR code，就能進入店內。

Amazon GO店內設有許多攝影機和感應器收集資料，ＡＩ辨識這些資料就能得知消費者購買的商品與個數。店裡沒有收銀台，消費者只要拿著商品走出店外就能自動結帳，完成購物流程，發票資料會發送至手機。

這裡用的是辨識型ＡＩ，店內客人再多也能正確辨識出哪位客人從架上拿了什麼商品、是否又放回架上等。例如，同時有兩個人伸手交錯拿取架上不同商品，ＡＩ也能正確辨認。

物流倉庫ＡＩ化

Amazon也為工作者帶來變化，尤其是Amazon的物流倉庫，工作模式產生了巨大變化。Amazon現在使用ＡＩ機器人代替人類搬運倉庫商品。在日本，茨木的物流據點等也早已採用這種方式，改變著工作者。

雖然仍由人類執行入庫與出庫工作，但倉庫內搬運商品的早就是機器人，人類與搭載ＡＩ的機器人合作已稀鬆平常。現在人類工作者基本上已變成定點作業，工作負荷減輕不少，也新產生了維護機器人的職務。

在ＡＩ×各產業推動變革的日本SoftBank

與ＡＩ×各產業領導者攜手合作的SoftBank Group

說到日本創造ＡＩ變化的代表性企業，就不能不介紹SoftBank。由孫正義主導的SoftBank Group正試圖以ＡＩ為社會帶來許多變革，投資「交通」「物流」「醫療」「不動產」「金融」「最新科技」「消費者導向的服務」「法人導向的服務」等產業中的ＡＩ領導企業，一起為邁向真正的ＡＩ社會做好萬全準備。過去培育了無數網路企業的孫正義，不但曾公開表示他的下一個目標是ＡＩ企業，還將絕大部分SoftBank的投資標的轉向ＡＩ企業。與每個產業的ＡＩ頂尖領導企業攜手，同時強化這些企業的橫向合作。

引領ＡＩ×二手車產業的中國瓜子網

接著向大家介紹SoftBank Group的投資標的中，引領ＡＩ×二手車產業的中國瓜子網。這間公司透過ＡＩ，大大改變二手車產業，正努力為「消費者、

圖表7-2　瓜子網發生的3項變化

消費者變化	公司變化	工作者變化
以個人化服務、動態訂價，改善購物體驗	二手車成交數量 5倍（月成交數／人）	員工生產力 4倍（月估價件數／人）

公司、工作者」創造變化（圖表7-2）。

瓜子網AI帶給消費者的變化

- 透過店內攝影機，辨識來店顧客並提供個人化服務
- 根據消費者歷史購買資訊動態訂價

瓜子網AI帶給公司的變化

- 確立AI×二手車產業的領導地位
- 因導入AI，每位員工二手車成交數量提升了五倍

瓜子網AI帶給工作者的變化

- 由內建AI的機器人執行主要業務：二手車估價
- 員工上班時配戴內建AI的眼鏡（智慧眼鏡）
- 每位負責估價的員工，生產力提升了四倍

在過去，二手車價評估必須人工仔細確認車體烤

漆、引擎內部每個角落，以及車子底盤狀態。瓜子網則是採用專為各評估流程設計的ＡＩ機器人，大幅改變工作者的作業型態，提升了生產力，甚至也改變了瓜子網的產業地位。

日本銀行正因ＡＩ變化中

「美國知名證券公司高盛，二〇〇〇年還有六百位交易員，到二〇一七年時只剩兩位」

這是一則講述ＡＩ帶給各家金融公司巨大變化的新聞。日本的金融機構現在也因ＡＩ變化中。

銀行ＡＩ帶給消費者的變化

- 諮詢櫃台變成ＡＩ聊天機器人（日本千葉興業銀行）
- 部分房屋貸款審查業務交由ＡＩ執行（日本三菱日聯銀行）
- ＡＩ自動算出個人信貸的可貸額度（日本新生銀行）

銀行ＡＩ帶給公司的變化

- 透過ＡＩ進行銀行內部數位文件檢索（日本四國銀行）
- ＡＩ分擔處理分公司來電（日本三菱日聯銀行）
- 針對中小企業推出ＡＩ融資判斷服務（日本瑞穗銀行）

銀行ＡＩ帶給工作者的變化

- 以ＯＣＲ取代行員業務（日本瑞穗銀行）
- 運用ＡＩ的個人證券投資基金（日本三菱日聯銀行）
- 以ＡＩ預測外匯市場變化（日本三菱日聯銀行）

以上應用都是日本各銀行正在發生的變化，雖然有些還在實地驗證階段，由ＡＩ取代過往人類櫃台的趨勢令人矚目，像是ＡＩ文件檢索與分公司電話應對等，公司內部工作也漸漸被ＡＩ取代。以外，投資趨勢判斷與外匯預測等，過去由銀行內部專家負責的高度專業的工作，也正朝以ＡＩ取代的方向發展。

日本三菱日聯銀行的AI Lab表示，他們正積極研發ＡＩ在銀行日常任務的應用，包含「**客服回應**」「**財務報表處理**」「**資訊檢索**」「**業務後勤支援**」「**審核**」**五項**。看來以銀行為首的各家金融機關，ＡＩ所引發的變化沒有停止的跡象。

文科ＡＩ人才將帶領整個社會

只有ＡＩ技術發展，並無法產生前述社會變化，還需仰賴新技術使用者的點子與執行力，才能真正有所進展。沒錯，**就是我們文科ＡＩ人才，推動ＡＩ帶來社會變化**。

前陣子，我與某知名企業的主管聊天時，他提到「我們家的資料科學家大概有一百五十位，人力十分充足，所以停止徵人了。」

先別說一間公司有一百五十位資料科學家在日本很罕見這件事，我認為能帶領資料科學家的「文科ＡＩ人才稀缺性」，才是這段話所凸顯的問題。

在公司與社會中，很多事情都是因為有不同崗位的人分工合作才能順利開展。我認為這點也能套用在活用ＡＩ上。

在新技術領域，可能會過於偏重在磨練核心技術與內容討論，而教育環境也直接反應了這種不平衡。最近日本出現「建立ＡＩ」專家單方面增加的現象，或許也是必然的結果。

但是，在接下來真正的AI社會中，身肩重責的不只是「建立AI」的專家，還有詳知AI、能正確「使用AI」的人才。特別是社會經驗豐富、擁有越跨越難關韌性的文科AI人才，能夠本能地靈活使用AI時，推動AI的能力將不可限量。

讀完這本書的大家，**已具備「文科AI人才」的基礎**。願各位能躍身成為使用AI的一方，帶領接下來的AI社會。

結語

「讓我們把剩下的商務人生投入到人工智慧中」

在我做出這個決定後，雖然我學到了一些和學生時代差不多的東西，但從幾乎零開始重新學習現代人工智慧技術和如何使用它，並走到人工智慧應用的最前線，這條路充滿挑戰，但是非常有趣。

正因為這是一個還在起步階段的領域，所以值得挑戰，也讓我思考：「人工智慧能走到這一步嗎？」我很慶幸自己找到了一個美好的主題，也讓我覺得每天都有新的發現。我希望越來越多的人能夠感受到ＡＩ帶來的喜悅和樂趣。此外，我希望越來越多的人站在使用人工智慧的一方，而不僅僅是被ＡＩ牽著鼻子走。我正是基於這樣的想法，才寫了這本書。

我之所以能寫出這本書，是因為在我漫無目的地奔波時，有許多人一直在溫暖地守護著我。在此，我要感謝從學生時代開始就給予我幫助的e-Agency的甲斐社長和永井會長，以及包含ＯＢ在內的所有主管、員工的各位。ZOZO株式會社的澤田社長與大家、ZOZO Technologies的Kubopan先生、金山先生，以及各位主管、員工。還有，感謝協助收集範例的福岡名彥先生、Chanmo女士、部門的各位、東洋經濟新報社的各位、我的父親、芳子女士、我的妻子和家人的支持。

在一億個ＡＩ職務的時代，讓我們成為人文領域的ＡＩ人才，讓我們的社會更美好，讓我們的下一代更美好！

新商業周刊叢書　BW0752

人人都能學會用AI

不懂統計，不懂程式，一樣可以勝出的關鍵職場力

原文書名／文系ＡＩ人材になる—統計
　　　　　プログラム知識は不要
作　　者／野口竜司
譯　　者／蔡斐如
責任編輯／張智傑
企劃選書／黃鈺雯
版　　權／黃淑敏、吳亭儀、邱珮芸
行銷業務／王　瑜、黃崇華、林秀津、周佑潔

總 編 輯／陳美靜
總 經 理／彭之琬
事業群總經理／黃淑貞
發 行 人／何飛鵬
法律顧問／台英國際商務法律事務所 羅明通律師
出　　版／商周出版　台北市中山區民生東路二段141號9樓
　　　　　電話：(02)2500-7008　傳真：(02)2500-7759
　　　　　E-mail：bwp.service@cite.com.tw
發　　行／英屬蓋曼群島商家庭傳媒股份有限公司 城邦分公司
　　　　　台北市104民生東路二段141號2樓
　　　　　讀者服務專線：0800-020-299 24小時傳真服務：(02) 2517-0999
　　　　　讀者服務信箱E-mail: cs@cite.com.tw
　　　　　劃撥帳號：19833503 戶名：英屬蓋曼群島商家庭傳媒股份有限公司城邦分公司
訂購服務／書虫股份有限公司客服專線：(02) 2500-7718；2500-7719
　　　　　服務時間：週一至週五上午09:30-12:00；下午13:30-17:00
　　　　　24小時傳真專線：(02) 2500-1990；2500-1991
　　　　　劃撥帳號：19863813 戶名：書虫股份有限公司
　　　　　E-mail: service@readingclub.com.tw
香港發行所／城邦(香港)出版集團有限公司
　　　　　香港灣仔駱克道193號東超商業中心1樓
　　　　　電話：(825)2508-6231　傳真：(852)2578-9337
　　　　　E-mail：hkcite@biznetvigator.com
馬新發行所／城邦(馬新)出版集團
　　　　　Cite (M) Sdn Bhd
　　　　　41, Jalan Radin Anum, Bandar Baru Sri Petaling, 57000 Kuala Lumpur, Malaysia.
　　　　　電話：(603) 9057-8822 傳真：(603) 9057-6622 E-mail: cite@cite.com.my

國家圖書館出版品預行編目(CIP)資料

人人都能學會用AI：不懂統計，不懂程式，一樣可以勝出的關鍵職場力/野口竜司著；蔡斐如譯. -- 初版. -- 臺北市：商周出版：家庭傳媒城邦分公司發行, 2020.10
　面；　公分
譯自：文系AI人材になる
　　—統計 プログラム知識は不要
ISBN 978-986-477-918-5(平裝)

1.職場成功法 2.人工智慧 3.企業管理

494.35　　　　109013522

封面設計／黃宏穎　　美術編輯／劉依婷　　印刷／韋懋實業有限公司
經銷商／聯合發行股份有限公司　電話：(02)2917-8022　傳真：(02) 2911-0053
　　　　地址：新北市231新店區寶橋路235巷6弄6號2樓

ISBN 978-986-477-918-5　版權所有・翻印必究（Printed in Taiwan）
定價／370元

城邦讀書花園
www.cite.com.tw

2020年10月08日初版1刷